痛快去活

李爱玲　著

中国工人出版社

图书在版编目（CIP）数据

痛快去活 / 李爱玲著. —北京：中国工人出版社，2023.10
ISBN 978-7-5008-8295-4

Ⅰ. ①痛… Ⅱ. ①李… Ⅲ. ①女性－成功心理－通俗读物 Ⅳ. ①B848.4-49

中国国家版本馆CIP数据核字（2023）第199899号

痛快去活

出 版 人	董 宽
责任编辑	孟 阳 冀 卓
责任校对	张 彦
责任印制	栾征宇
出版发行	中国工人出版社
地 址	北京市东城区鼓楼外大街45号 邮编：100120
网 址	http://www.wp-china.com
电 话	（010）62005043（总编室） （010）62005039（印制管理中心） （010）62046408（职工教育分社）
发行热线	（010）82029051 62383056
经 销	各地书店
印 刷	宝蕾元仁浩（天津）印刷有限公司
开 本	710毫米×1000毫米 1/16
印 张	15.25
字 数	225千字
版 次	2023年11月第1版 2023年11月第1次印刷
定 价	45.00元

本书如有破损、缺页、装订错误，请与本社印制管理中心联系更换

孤勇母亲最温柔

爱玲的新书要出版了，她让我写些什么。

我只能写一些关于对她的印象，这些印象是她写这本书的重要动机，也许是构成本书内容的镜像。

认识爱玲是在我的心理培训班上，她总是衣着讲究，话语寡淡，但神情专注地在会场聆听，大大的眼睛盯着你，但一旦表达起来，则毫不含糊，爱憎分明。

作为一名山东女子，真诚传统，但靠海的女子，也有开放和奔放的性格，所以在她的书中反复提到自由、自我的话题，她提到自己内心的声音，其实是母亲的声音，那个很多年来影响她和约束她的声音。爱玲在书中表达，正是在自己的亲密关系中，找到了对理想母亲的渴望：包容、接纳和理解。

有时候我在想，爱玲的父亲在哪呢？

她直爽、刚烈的性格使得她能够在稳定的岗位上工作多年，毅然辞职而义无反顾，对母亲的渴望又使得她专注于心理咨询，去理解和帮助他人；探索和好奇使得她能够广泛接触社会，组团去北非撒哈拉沙漠，一本一本地写书，母性使然又能够陪伴孩子，温和耐心和真实地对待自己的家人；社会的角色使得她可以显得合群、人畜无害，但等到触及自我界限时又能够坚决而坚定地撤退。

我想，这本书的几个大纲就是爱玲内心自我成长的密码：进入真实自我，发展灵动人格，构建自由亲密，拥抱孤勇母亲，活出痛快自我。

读懂了它，这也可以成为你的成长密码！

华中科技大学同济医学院教授、主任医师
湖北省心理卫生协会理事长
施琪嘉

2023年8月26日

自　序

痛快爱，痛快活

这是我的第五本书。

算算时间，距离我上一本书的出版，已经过去了五年。

这五年间，我被很多读者催促过。因为在此之前的几年里，我始终保持着一年出一本新书的频率。

一个写作者，每年从写过的文章里筛选出十几万字出一本书，并不算难。

但这本书，我用了五年时间。

对我来说，这已然不是单纯的文字积累或文风改变。它是我人格的映照、自我的镜像。

从情感写作转向心理写作，或许是冥冥之中的注定。

二十年前我进入职场，负责公司的人力资源工作。出于工作需要，我开始学习心理学，给应聘者做性格测评，给团队成员做性格分析，觉得很有意思。

那时的我浮躁而肤浅。我所学的东西，都只是为了“管理”。

直到，我进入婚姻，成为妈妈。

我发现，我曾经引以为傲的职场能力，进入三口之家就溃不成军。我曾经自以为是的强大和能干，在一个小婴儿面前束手无策。

我歇斯底里，兵荒马乱，心力交瘁，疲惫不堪。

天性的敏感带给我敏锐的直觉和洞察力，我意识到，在职场压力、育儿辛苦、关系经营之外，一定还有某种更深的原因，影响着我，左右着我。

我终于将剖解他人的手术刀，转向了自己。

走上精神分析这条路，我才看见自己有如此之多的bug。

巨大的自恋，深重的匮乏，严重的分离焦虑以及如黑洞般的恐惧。

我知道我必须向自我的深处走去，去直面未知的幽暗，面对真实的自己，完成抽筋剥骨般的重塑。

曾经那些我想绕过的坑，我一个一个地走到它们面前，不再惶恐，不再茫然，真实地去交付，去体验。

我真切地看到，在建立觉知与省思之前，我的内在模式是如何拉扯着我，让我反复纠结，自我消耗。

我也真切地看到，潜意识是如何制造了一个又一个重复与循环，用这样的方式保护着我，亦制约着我。

现实中诸多困扰和问题，如果只停留在意识层面，可能永远只有非A即B的选择，或者终生无解。但如果能深入心理动力的层面，得到的答案就远远不止这些。

自我探索与成长之路，是一场英雄之旅。它注定孤独，也伴随疼痛。因为旧时情绪会被扰动，沉积的泥沙会被翻起，所有一切都难以回避，令人无处可逃。

可这一路的风景又如此美妙深邃，引人入胜，令人流连。

它让我们的世界变得开阔、多元、丰富，让我们的自我更加辽阔、清朗、宽容，拥有共情力和同理心。

行至中年，我终于拥有了痛快去爱、痛快去活的勇气和力量。

做热爱的事，陪伴重要的人，在专业领域坚持精进，减少自我纠结与消耗，守护自己的本心和中正的能量。

这种内在的稳定，让我得以全身心地投身于学习、写作与创造。

从2019年开始，我在公众号平台启动“桃蜜心理成长营”，开设了一系列心理成长课程。

我知道，每一个在后台向我留言倾诉的读者，都背负着自己的故事，艰难前行。

有人承载着原生家庭之殇，有人正经受情爱婚姻之苦，有人和我当年一样，在成为妈妈的路上无数次崩溃、无数次破碎。

我曾经写过的那些酣畅淋漓的爽文，力量太微弱了。

我想我可以写出更能帮助和支持她们的文字。

我用五年的沉淀去完成这本书。

我相信作品即人。它是我对若干年来的自我成长所做的梳理和凝练，也是我当下状态的呈现。

它不完美，但我愿始终真挚赤诚，与读者见字如面。

内在成长，不是一件功利的事。它不会让人马上不再痛苦，或者立即赚到大钱，或者瞬间变得强悍。

它是静水深流，润物无声；是山重水复疑无路，柳暗花明又一村；是沉舟侧畔千帆过，病树前头万木春。

当我们走过一段段成长的旅程，再回首，轻舟已过万重山。

原来，那些曾经以为熬不过去的长夜，承受不了的痛苦，释怀不了的怨恨，都流淌而过，一去不回。

每个人，都可以拥有痛快的人生。

如果你也愿意走上自我成长之路，我想我可以成为一个陪伴者，以文字，以诚恳，以真心，与你在这里相遇。

目录

痛快去活

第一章

进入真实的自我

走进内在世界

一个人一生的终极使命，就是成为真实的自己。

成为真实的自己，本质上是一个过程，一个认知自我、成长自我、发展自我的过程。

那么，“自我”到底是什么？

1890 年，美国心理学家威廉・詹姆斯提出了“自我概念”。他认为，“自我概念”是一个人关于自己的观念体系。

弗洛伊德在 1923 年出版的《自我与本我》一书中，把人格分成本我（id）、自我（ego）和超我（super-ego）三个部分。

本我，即人的本能欲望。它是人的原始动力。

超我，是经过社会规范、道德、价值观内化而形成的理想人格部分，也是人格的管制者和评判者。

而自我，是本我和超我之间的协调者。

本我遵循享受原则，超我遵循道德原则。二者之间有必然的冲突。

一个人想要很多很多的钱。这是本我的欲望。而超我会告诉你，银行的钱不能碰，这是法律；不义之财不可取，这是道德。

但想要钱怎么办？

自我会去协调本我和超我，促使自己想方设法，发展并使用自己的能力，合理、合法地赚钱，获取财富，满足自己。

一个人想拥有窈窕的身材，超我作为人格中的管理者，提出的要求是节食、运动。但这是个苦差事，遵循享乐原则的本我并不愿这么干。

这时就需要自我的功能出面平衡二者，执行一个既能满足生理需要，又能实现瘦身目标的计划。

我们这本书探讨的主题“痛快去活”，如果遵循本我的标准去活，那可能会伤害到很多人，也可能会违反社会规则；但如果按照超我的标准去活，那就做不成真实的自己，更谈不上痛快。

自我的功能，就是最大化地让我们在现实规则之内做自己，成为真实的自己，拥有自由的身心。

本我很容易放任，超我总希望自律。

而自我，就是在放任和自律之间，寻找一个平衡，让一个人活得协调，舒展，自洽。

关于本我、自我和超我，有一句凝练的总结：本我是动物性，超我是神性，自我是人性。

一个人不可能只有动物性，也不可能只有神性。因为只有动物性，那是低等生物；只有神性，那只能是神仙或佛陀。

本我、自我、超我三者的协同运作，才构建了一个真实的人。它们协同运作的水平，也就是一个人的人格水平。

而人格水平，又直接影响着一个人如何生活，如何对待和享有自己的人生。

自我如果是健康的，有力量的，就具备能力与本我和超我团结协作，实现一个人良好的人生价值。

如果自我不够健康，或者过于弱小，它就无法协调本我和超我的冲突。没有了协调人，这场内在的战争，就成为对一个人巨大的消耗。

所以，自我的成长和发展，其实就是人格的成长和发展。

所谓做自己，就是充分地发展人格，让它变得更加豁达，更加坚韧，更加成熟，更加灵活。

充分地认知自我，能够帮助我们更好地成长和发展人格。

但这不是一件容易的事。

即使在了解了心理学理论、研读了名人巨著、听过了大师课程之后，通向“自我”的这条路，仍然只能自己走。

“纸上得来终觉浅，绝知此事要躬行。”

在对自我进行深入探索之前，我们对自己的了解，很可能是极为肤浅的。

如果此刻让我们做一个自我介绍，或许几句话就概括完了。

但实际上，作为一个人，关于“我”的内容，远不止这么多。

罗杰斯说：“我，是一切体验的总和。”

我们要如何真正认识自我?

我们生活在两个世界之中：一个是外在世界，一个是内在世界。

外在世界是可见、可触的世界：

四季如何更迭，昼夜如何交替，潮汐如何起落，草木如何荣枯；

一个人拥有什么样的相貌身材，做什么工作，有怎样的职位与收入；

多大年龄，是否结婚，是否生儿育女，拥有什么样的家庭……

这些都是客观的现实存在。

而一个人的内在世界，却幽深而隐秘。

它是一个人内在的风景。

它可能与现实世界息息相关，又可能与现实世界完全不同。

当一个人的外在世界风和日丽、晴空万里时，他的内心世界，却可能黑云压顶、苦雨凄风。

反之亦然，一个人的外在世界荆棘密布、坎坷重重，而他的内在世界，却可以从容笃定、云淡风轻。

认识自我，就是真正地、全然地走入自己的内在世界，看一看在这个世界里，我们的自我（人格）是如何运作的。

当越来越深入、越来越真实地了解了自己，就会清晰地看到，我们的内在世界，是如何构建了我们的外在现实，又如何影响甚至决定了我们人生的轨迹。

这个看不见、摸不着的内在世界，这个复杂又幽微的自我，要如何了解呢?

山本耀司曾说，自我这个东西是看不见的，只有碰上了什么，反弹回来，才了解自己。

自我会碰上什么？会碰上他人，关系，问题，事件。

反弹回来，会形成感受，情绪，行为，结果。

这些时时处处都在发生的体验，就是一把又一把打开自我世界的钥匙。

深入自我的第一道密码

在一次心理培训课程中，我问在场的学员，对下雨天有什么感觉。

其中有一半的学员表示，不喜欢下雨天。

他们列举了一系列理由：

潮湿，不舒服；

出行不便，打不到车；

情绪低落，昏昏欲睡。

有一名学员说，下雨天让他格外讨厌上班，只想窝在家里睡觉。

另外一部分学员则表示，下雨天很浪漫。他们的理由也很充分：

雨天让一切变得朦胧，有意境；

雨水滴答声，让人格外心静；

下雨让人想到“天街小雨润如酥”，感觉充满生机。

……

下雨天，是外在世界的客观现实。它不以任何人的意志为转移。

但面对同样的客观现实，不同的人，对此产生的感受却完全不同。

美国心理学家埃利斯提出过一个“情绪 ABC 理论”。

A 是诱发事件（activating event）。

B 是个体信念（belief）。

C 是情绪和行为后果（consequence）。

很多时候，我们以为 A 和 C 是因果关系。因为事件 A，直接导致了情绪和行为 C。

实际并不是这样的。

A 和 C 之间，还经过 B。

B 是一个人的内在世界的信念，它影响着一个人对事件 A 的认知和解释，经由它的认知和解释，从而引发情绪和行为 C。

拿下雨天这个案例来看：

下雨天是客观事件 A，它经过了每个人内心的 B 对它的解读，从而产生了不同的情绪感受 C：

有人喜欢，有人反感；

有人觉得诗意浪漫，有人觉得压抑烦躁。

所以，决定一个人情绪和行为的关键因素，不是事件 A，而是如何解读它的 B。

每个人心中的 B 是如何形成的呢？

它缘自早年与 A 事件之间的关系。即：曾经对 A 事件的体验，内化到潜意识里。

喜欢下雨天的人，无一例外，都曾经有过关于下雨天的美好体验。

可能是很小的时候，他被允许在雨天里尽情玩耍；

可能是在童年时光，父母在下雨天带他去田野里看小蝌蚪；

可能是在少年时代，他和同伴干了许多糗事，一起在大雨里笑着闹着奔跑着；

也可能，仅仅是在某个午后，他一个人趴在窗台上看雨打屋檐，无人打扰，静静地享受了雨天的静谧与浪漫。

一些具体的事件，可能已经随着时间被遗忘，消失在记忆中。但这些美妙的体验和细腻的感受，构建了他内在世界对下雨天的初始程序。在他以后的人生中，再遇到关于雨天的情境，这个初始程序就会启动、运行，对雨天作出浪漫美好的解读。

同样，那些对下雨天抵触、反感、莫名情绪低落、烦躁不安的人，极有可能在早年就有过关于雨天的糟糕感受。

可能因为在雨天里摔了跤被冷漠对待；

可能因为湿了衣服、脏了鞋子被训斥；

可能因为曾在某个电闪雷鸣、风雨交加的时刻被独自锁在家中；

……

在那次培训课上，我和学员们还开玩笑地谈到了老话“下雨天打孩子，闲着也是闲着”。

其实也不全是玩笑。在过去以农耕为主的时代，下雨天不能外出干活，真的有父母会把气撒在孩子身上。

一名四十多岁的男学员恍然点头，拍着大腿说他想起来了。

他小时候生活在农村，一遇到天气不好，父亲就会愁眉紧锁。他和哥哥在家大气都不敢出，稍有轻举妄动，就会招来一顿打骂。

意识层面的记忆消失了，但潜意识都会记得。

我自己也有一个感受很深刻的事件。

在过去很多年里，我都不吃肉馅。我并不是素食主义者，也爱吃肉，但一闻到肉馅的味儿，就会反胃。

这个根源可以追溯到很多年前。

小时候家里包饺子，本来我对肉馅并没有非常抗拒，完全可以吃。只是相比猪肉白菜馅，我更喜欢韭菜鸡蛋的素馅。

我自小跟着奶奶长大，她非常疼我，每当家里包饺子，她都会单独为我包一份素馅的。

我妈对此很不满。一是因为要包两种馅的饺子太麻烦，费时间；二是觉得全家太惯着我，会把我惯坏。在她看来，一个屁大点的孩子，就应该给啥吃啥，没必要迁就。

所以每次包素馅饺子时，她经常会偷偷掺入一些肉，但在我尝出来之后又坚决否认。

不仅否认，还会把我劈头盖脸训一顿："告诉你没掺就是没掺，哪来那么多事？爱吃不吃！"

几次之后，我就对掺了肉的饺子馅非常敏感，只闻一下就能闻出来，以至于发展到坚决不吃的地步。

这个习惯一直持续到我三十多岁。

我有时会想，如果当年，我妈能坦诚地告诉我，因为想照顾全家的口味，所以韭菜鸡蛋馅里确实掺了一点肉，我想我是完全能够接受的。

但她的做法让我感受到了被欺骗。这个被欺骗的糟糕体验，又强化了我对肉馅味道的反感——其实反感的不是肉馅，而是这个味道里渗透的委屈、愤怒和屈辱。

感受，是打开自我大门的第一道密码。

每一份感受里，都有一份尘封的情绪，它的背后，都有一个曾经的自己。

可能受过伤，仍未被治愈。

看见它，拥抱它，接受它。

即是走向真实自我的开始。

"尊重你的感受。"这句话，是股神巴菲特的父亲给他的教育，被巴菲特视为受益一生的教诲。

一个人，尤其在他还是一个孩子的时候，能够有自己的体验和感觉，能够表达自己的感受和观点，他的生命蓓蕾，便得以滋养。

而很多父母，从孩子很小的时候就开始驯化、否定和打压他们的感受，让他们误以为自己的感受是不真实的，不重要的，不值得被珍视和尊重的。

孩子摔倒时："不疼不疼，就轻轻碰了一下，没事的。"

孩子哭泣时："有什么好哭的啊，行了行了！"

孩子怕冷时："都穿这么多了，怎么可能冷！"

孩子嫌热时："热什么热？感冒了怎么办？"

孩子说累时："我都不累，你累什么？"

他们时时刻刻在传递一个信息——你的感受不是真的，我说的才是真的。

这些孩子从小被驯化，不再相信自己的感受，甚至早早学会了屏蔽、隔离自己的感受，让自己相信父母（权威）说的。

成年后，他们带着这种模式进入亲密关系，也很难判断对方是不是真的爱自己。

因为在面对那些冷漠、忽视和伤害时，他们不敢信任自己的感受，不敢和自己的感觉连接。

长年被压抑和隔离了感受的人，只会走向两个方向：

要么一味讨好，不敢反抗他人，不敢结束关系；

要么疏离冷漠，不能深入关系，不能享受亲密。

我有一个来访者小桔，是个 27 岁的姑娘。她在几年前大学临近毕业时开始恋爱。刚开始比较顺利，小的磕磕绊绊都忽略不计。半年之后，问题越来越多。

男友喜欢冷战，一不高兴就冷暴力，最后必须是她示好、求和，道歉，否则就没完。

如今她 27 岁，生出一点恨嫁之心，很想结婚，可又隐隐担忧。

在咨询中，我问她："冷战的时候，你有什么样的感受？"

刚开始，她的反应很平淡："他就那样的性格，我也没办法。"然后列举了一些让她难以分手的现实原因。

随着咨询的深入，小桔开始流泪。

她说，每次男朋友冷战，她非常委屈，同时又非常愤怒，怪自己为什么要跟这样的人在一起，恨自己为什么没有魄力一个巴掌甩到他脸上直接分手。

她哭了十几分钟，擦干眼泪说，觉得心里松快多了。

在后面的几次咨询中，她又讲述了很多细节：

男友脾气暴躁，经常发火。起初她只是觉得他是急性子，自己可以多包容。

但后来发现了很多之前没有注意到的问题：

男友经常在说话时故意很小声，她根本听不清，如果她多问两遍，男友就暴跳如雷：“都说三遍了你还问！”

男友还经常在表达时说半句留半句，让她误会意思，然后再大声训斥她从来不懂他。

甚至在递东西的时候，他经常在她还没接住的时候就松手，东西掉在地上摔坏，他又借故大发脾气。

……

即使不懂心理学的人，听到这些细节的描述之后，也都会很清楚：小桔的男友，是典型的情绪施暴者。

但小桔每次都选择忍耐，咽下委屈，说服自己相信男友只是脾气急躁，其实心里还是爱她的。

在咨询中，我请她回忆一下，这种又憋屈又愤怒的感觉，在以往的哪些时候出现过。

她向我讲述了自己的成长经历：

小桔成长在一个长期不和睦的家庭。父亲酗酒，母亲脾气暴躁，她谨小慎微，生怕说错话做错事，招致父母不满。

有一次，她被家中的土炉子烫了手，疼得哭了。父亲喝得酩酊大醉，不省人事。母亲的怒火全发到她身上：“疼什么疼，不就是烫了一下吗？能有多疼？你哪那么娇贵，以为自己是什么千金小姐啊！”

类似的事情发生过多次，她再也不敢表达自己的疼痛和委屈。

真实的自我，在成长过程中就这样被压制了。

二十多岁的她就变得很“佛系”，脾气温柔，不争不抢，无欲无求。

实际上这是一种“伪佛系”——不敢表达真实的想法，不敢说出自己的心声，不敢去争取自己想得到的东西，只能假装“淡泊一切”。

但心底那份真实的痛苦其实一直存在。

它得不到疏导和释放，就变为自我攻击——我不好，我不配；

进而影响身体——易失眠，易焦虑，易过敏，整个人疲惫不堪；

最后形成恶性循环，活成一个暮气沉沉、没有生命能量的人。

像小桔这样压抑着长大、陷在关系困局里的女性，要怎么做？

第一步，就是从尊重自己的感受开始。

去体验自己内心真实的感觉，接受它，信任它。

在任何一段关系中，如果对方给予你的永远是挫败、贬低、羞辱；

如果对方总是否定和打压你的想法，不允许你做自己；

如果伴侣要求你必须满足他的想象，他的期待，他的要求；

不要怀疑，相信自己的感觉——这段令你痛苦的关系，是非良性的，会损耗你。

你首先要做的，就是说出自己的感受，提出自己的要求，设立自己的边界和底线。

真正的爱，是明亮的，温暖的，不会让人始终陷在糟糕的负向感受和情绪里。

看清了这一点的小桔，把精力从纠结恨嫁，转向自身的疗愈和成长。

后来，她和脾气暴躁的男友分手了。

她说，27 岁的自己，竟然不那么恨嫁了。因为她感受到了真实生命的放松和美好。

在关系中认知自我

“没有人是一座孤岛，可以自全。每个人都是大陆的一片，整体的一部分。”英国诗人约翰·多恩这样写。

人都活在关系之中。即使一个人不结婚、不工作、不生孩子、不交朋友，他也不可能完全脱离关系。

人来到这个世界，就开始了关系的建立。

一个婴儿出生后，首先建立的是与妈妈的关系，即母婴关系。

婴儿出生后的前几个月，分不清妈妈是一个独立客体。也就是说，在生命初期的婴儿并不知道妈妈是个独立的人。他以为妈妈和自己是一体的，自己和全世界是一体的。此时的婴儿，活在一元关系里。

随着婴儿渐渐长大，他开始意识到，原来妈妈是一个独立于自己之外的人。她有时会离开，然后再回来。这时的孩子，开始进入和妈妈的二元关系之中。

爸爸的加入，是三元关系的开启。孩子发现除了妈妈之外，原来还有爸爸。爸爸之外，还有其他家庭成员。

从一元关系到二元关系再到三元关系，孩子的人格基础得以奠定。他将走向社会，走向大千世界，发展与其他人的关系。

客体关系理论虽然是西方心理学的产物，但它几乎与《道德经》里讲的“道生一，一生二，二生三，三生万物”异曲同工。

所以，一个人的人格，是在最初的关系中形成的。这个最初的关系模式，通常是与父母（重要养育者）的关系模式。它会内化到一个人心里，成为他的内在关系模式。

每个人在发展新的关系时，都会本能地将内在关系模式投射在新关系中，将自己在内在关系中的期待和渴望，投射在新关系的对象（客体）上。

自我在关系中形成，自我也在关系中呈现。

有一段 TED 演讲叫《结了婚才知道自己有多恶毒》。主讲人赖佩霞讲述了自己在进入婚姻之后，才发现自己如此刻薄、小气、出口伤人。

不在关系中探知自我，我们就很难窥见自己的全貌。

我在二十多岁时，一度自认为是个足够理性、情绪自控能力非常好的人，对经营亲密关系充满信心。

直到真正进入婚姻，尤其在生了孩子之后，我发现自己总是处于牢骚满腹、怨气丛生的状态。家中的每一个人我都看不顺眼，对伴侣各种挑剔指责，永远无法令我满意。

在孩子两三岁的时候，有一天吃完午饭，收拾餐桌时，我开始指责老公：桌子擦得不干净，干家务总是不认真，懒，眼里没活，不知道体谅别人……

我越说越气，怒火中烧，开始大吵。

就在这个时候我无意间转头，从餐桌旁边的穿衣镜里看到了自己：愁眉横锁，怒目圆睁，满脸狰狞。

我当场就怔住了。因为这个形象太熟悉了。时空仿佛发生了错位，镜子中我的样子，与二十年前，我妈妈指责我的样子，完全重叠了——我的眼神、表情、语气、肢体动作，都和我妈妈当年指责我的样子，一模一样。

我妈妈的形象在我的成长记忆中，基本就是一张严肃的脸。

她最擅长做的事，就是挑我的毛病。无论我做什么，她都能信手拈来指出我的问题，并且不管我怎么做都无法令她满意。

这种苛责让我非常反感。经过幼年的压抑和青春期的抗争之后，我在十几岁就暗自发誓，一定不要活成她的样子。

但若干年之后，当我也成为妻子和母亲，我竟然还是活成了她的样子：对伴侣无尽地挑剔，对孩子莫名地严厉，对家庭成员各种抱怨……

外人眼中的我，在职场上踏实能干，干脆利落；对待朋友热情友善，慷慨大方；在人际交往中分寸得体，永远理性。几乎没有人见过我在亲密关系中的歇斯底里、如此不堪的一面。

我想起当年，听到别人评价我妈妈：美丽、温柔、热心，我会冷冷地从鼻子里“哼”一声，心想：那是你们没见过她在家里什么样！

二十年后，如出一辙。

那一刻的觉察，令我无比心惊，冷汗直冒。

那一刻也是我人生的重大觉醒时刻。它让我真正去思考——我为什么会这样？

从小被指责、被挑剔的长期体验，让我对自己的接纳度非常低。一个内在难以自我接纳的人，会把这份不接纳，同样投射到外在世界。在恋爱期间，这可以解读为女孩的“作”，或许可以被爱情的甜蜜掩盖过去。

但当我结束异地恋，进入真实婚姻，真正开启柴米油盐的生活之后，我把内在的关系模式原封不动地复制到了亲密关系之中。

挑剔伴侣，本质是挑剔自己。对他人的不满，本质是对自己的不满。

但人的自恋会本能地进行自我保护，启动防御机制，那么这些不满就要被抛出去，投掷到另一个人身上，这样就不是我的问题了。

亲密关系中的伴侣，首当其冲成了替罪羊。

在我的潜意识里，一方面将伴侣当作另一个自己，我的内在小孩向他肆无忌惮地投射不满，发泄怨气。另一方面又将他当作我的内在父母，希望他能无条件、无底限地包容我。

当他能接得住我的情绪的时候，我的内在小孩便能获得片刻的安宁。

但他也只是一个凡人，他也有他的感受和情绪，和我一样在婚姻中都不够成熟。当他接不住我的情绪的时候，我便更加暴躁。

如果我没有及时看到这一点，如果我不能尽早跳出这种模式，无论他是一位多么宽容、厚道的伴侣，早晚都会被我折腾到身心俱疲，导致我们的关系支离破碎。

不只是亲密关系，在亲子关系、朋友关系、职场关系之中，都同样有内在模式的投射。

如果一位母亲或父亲总想控制孩子，想让孩子按自己的意愿生活；

如果一个人在职场中，总希望领导和同事对自己嘘寒问暖，格外关心；

如果在朋友关系中，一方总是向另一方索取，永不满足；

这些映照出的，都是他们内在的关系模式。

关系是一面镜子，可以一览无余地照出我们皮囊之下那个隐蔽的自己。美丽或丑陋，温柔或狰狞，都是真实自我的一部分。

自我在关系中呈现，自我也在关系中发展。

有的人进入一段能够滋养自己的关系，过去的创伤就会被疗愈，发展出全新的自我。

有的人选择去做心理咨询，本质上也是建立一种新的客体关系。

一名好的咨询师，能够成为来访者的新的稳定客体。来访者会对咨询师产生移情，在咨询师的专业帮助下，他能使用这个新的稳定客体，去修复当年不稳定客体关系导致的创伤，在关系中得到疗愈。

在关系中看见自我，是重要的一步。

看见自己的内在小孩，看见自己的内在模式。只有看见，才可能开启疗愈和成长，才可能启动新的自我，去构建新的关系模式。

在欲望中接纳自我

一位女友邀我去她家喝茶，顺便让我帮她选一条参加亲戚孩子百日宴的裙子。

我自认为见过不少购物狂女人，买衣服包包如流水。但站在她的衣帽间面前，我还是被惊到了。

三面墙的衣柜顶天立地，空间个个都满得要溢出来。几十个包包被挤在一隅，衣服只能层层叠放堆砌，像外贸工厂仓库。

她也表示懊恼："我也觉得太多了，可没办法，还是总买，停不下来。"

我翻了翻，发现有很多衣服是"一式两份"——两件同款同色，一模一样。

她解释："我就有这个毛病，看见喜欢的总想一次买两件，你说这病怎么治？"

这位女友家中姐妹两个，家境清寒，她从小捡姐姐的旧衣服穿，唯一拥有新衣的机会就是过年。

好在她自己学业争气，考入医科大，毕业后进入三甲医院，成为神经外科医生。

再后来与外企任职的丈夫结婚，在这座城安身立命，勤劳致富跻身中产。

白衣天使这一行，平日一身大白褂，没多少机会穿自己的衣服。

休假带娃，不是游乐场就是动物园，孩子睡着了要抱，吃撑了要吐，兴奋了手舞足蹈一个冰激凌扣到妈妈身上。

真丝易皱，旗袍太紧，套装拘束，短裙不便。最后还是一条牛仔裤走天下。

但即便如此，她还是要不停地买。

用她的话说：看着新衣新裙如秀女般，鱼贯而入，纳进“后宫”，她就心中舒坦。

喝了半天茶之后，她问我：“你说，我是不是得去报个断舍离之类的课程？”

在我看来，断舍离课程目前对她没用。

断舍离本质是一种生命态度。剔除不必要的物质，腾出心灵的空间，给生命留白。

而能做到断舍离的前提，是自我得到了充分的满足。

女友显然还在这个过程中。

那些华服，她不是买给自己的。

她是买给她内心深处，那个未曾得到过满足的小女孩，那个只能眼巴巴捡姐姐旧衣服的小女孩，那个无数次求而不得的小女孩。

她终于不必再等过年那唯一的新衣了。成年后的她，终于有能力满足她内心的那个小孩了。

所以不用着急。这是一座山头，必须自己越过。没有近道可抄，没有捷径可走。

等到她心里那只“爱的箱子”被填满，就会自然地断舍离了。

我自己也有类似的经历。

在少女时代我被妈妈严重打压了爱美的欲望。她只许我穿校服，不能提关于穿戴的任何要求，我只要开口，就会毫无例外地遭到训斥：“天天想着臭美，哪有心思学习？”

在她的标准中，爱美，就等同于学坏，等同于堕落，是与学习完全相悖的“坏毛病”。

青春期是我过得最压抑、最灰暗的人生阶段。

参加工作自食其力之后，我满足了自己对买衣服的执念。买不起贵的，就淘路边摊、外贸小店。过了一个阶段之后，还是不满足，我想给自己更好的。

24 岁那一年，我第一次在商场买了一条品牌连衣裙，四位数的价格，花掉了我一半的月薪。

买回来之后，我却很少穿。

上班不舍得穿，小小职位、区区薪水配不上它的大牌；

休假时没必要穿，头不梳、脸不洗、门不出，穿给谁看？

外出时也不能穿，弄脏了、弄皱了不划算。

最后只剩下工作上的重大场合才舍得穿。这让我更加紧张不安——怕滴上油、怕洒上酒、怕勾了丝，原本能应对自如的我，为了一条裙子，一整晚坐立不安。

买得下，却用不起。我咬紧牙关给了自己所谓“更好的”，却配不上这“更好的”，只能沦为它的奴隶。

太累了。

后来我又回归了“以量取胜”的状态。外贸店，夜市摊，琳琅满目的东西买不完。

内心的缺口有多大，外在的物欲就多疯狂。

那几年我迷恋外在的光鲜，迷恋新衣加身一日一换的恣意，心中还暗藏一种翻身的快感——为那个曾经被苛待被无视的自己，为那个曾经终日套在老气横秋的校服里晃荡的少女之躯。

我一直到将近四十岁的时候，才走完这个过程。

因为我发现，物欲变得意兴阑珊了。

衣服，每季添一两件就够穿。包包，两只完全够一整年轮换。那些东西带给我的快感，日渐寡淡。

我开始清理掉大量的旧物，不再囤积。喜欢的衣服想穿就穿，也不必非要等一个“重要的日子”。

我再也不会下雨天把哪只包揣进怀里，用我的身体为它挡雨。

我再也不会因为鞋子踩进泥泞，就内疚自责、懊恼不已。

所有物品，都应该是服务于我，而不是奴役我。

当欲望的黑洞被一点点填平，我便再也不会被它吞噬。

这也是一个人的自我走向不断完善、不断升级、不断延伸的过程。

也许每一个经历过早年物质匮乏的人，都会经过这个阶段。从渴求物质的堆砌，到欲望清减的素朴。从仰赖外在的光鲜，到寻找内在的丰盈。

这个黑洞如何填平？

现实层面，当然跟钱有关。

通过自身的努力拥有可以支配的金钱，对于内在世界不够安全的人尤为重要。这会让他对人生多一份踏实感和掌控感。这是安全感的重要补充。

而更重要的部分，来自内在的成长。

如果不带着觉知，只是一味通过购物来满足欲望，并不能带来人格的改变。

因为在潜意识里，早年被养育者制造的“求而不得”的体验，会一再重演。所以那些购物成瘾的人，永远买不完，永远不满足，因为潜意识要他永远“求而不得”。

在欲望中带着一份自省，去满足自己，在欲望中带着一份觉知，去探索自己，是成长的开始。

所有欲望的黑洞深处，都有一个不曾被满足的内在小孩。他留在原地，充满委屈。

真正需要满足的，只是这个内在小孩的呼唤。

当我们真正看到他的需求，能用当下的自己，重新去满足这个内在小孩的渴望，我们就收获了真正的成长。

这是超越所有物质的满足，也是超越欲望桎梏之后，更盛大的自由。

当潜意识被呈现，命运将被改写

一位男性朋友，去年夏天非要把刚上一年级的儿子送到他农村父母家待一个暑假。

本来，让孩子去体验一下农村生活，亲近大自然，也没什么问题。

但他老家的村子，地处偏远，生活闭塞，他父母仍用三十年前养育他的那套方式对待他儿子。

有空调不让开，孩子热得起了一身痱子。

止痒膏不给抹，非要用嘴嚼一种草，再吐出来给孩子敷上。

诸如此类的事情不胜枚举。

一个月之后，孩子是吃了些“生活的苦”，腿上的疱被抓烂感染了，还淌着脓水。

他太太和他大吵，他很委屈：“我就想让孩子吃点苦，学会珍惜现在的生活，有错吗？”

他和我聊了很久，一直非常坚定地强调：他觉得现在的孩子生活条件太好了，都吃不了苦，他这么做是为了孩子好，尤其是男孩子，不吃点苦，将来怎么长成男子汉大丈夫？

我一直听他讲完，然后提出了一个我的思考：

“有没有可能，你潜意识里，只是希望孩子吃一吃你当年的苦？”

他愣了一下，立即否认：“不不不，我可没这么想。”

我相信他肯定“没这么想”。因为，怎么想，是意识层面的事。

但潜意识的奇妙之处就在于，它非常隐蔽地让你“没这么想”，却又“这么做了”。

这位朋友很重视教育，也学了一些家庭教育和心理学的课程。所以我和他探讨：

“一个吃过苦的人，在养育孩子时，潜意识很容易设置一个陷阱，就是想让自己的孩子也吃一吃自己当年的苦。

“但意识上，你知道年代不同了，这些苦，无法在现实生活中被堂而皇之地实施，比如，让孩子吃糠咽菜。

“但如果借助于‘教育’和‘锻炼’的名义，听上去就名正言顺了。

“其实，孩子去不去农村待这一个月，都不影响你对他的教育。只是如果不让他去，你似乎有点不甘——老子当年吃过的苦，你小子凭什么不吃？”

他没说话，片刻后点点头，然后沉默了很久。

研究潜意识，是一件非常有意思的事。

一个人的心智系统，既有意识的部分，也有潜意识的部分。

在冰山模型中，意识部分，就是海面以上肉眼可见的部分。它很容易被觉察到。

而潜意识，是冰山处于海面以下的，更庞大、更隐蔽的部分。

它很难被觉察和感知，却时时刻刻都在影响着一个人的想法、感受和行为。

深入探索自我，就是潜入潜意识的深海。

海面上的风平浪静、波涛汹涌，都不是全部。

直至潜入深海，看到海底深处的景象，有暗流涌动，也有瑰丽奇景。

这都是属于我们人格的一部分，它与意识相互作用，密不可分。

而区别在于，在我们不曾真正了解自己、认知自己之前，我们从来不知道，水下还有这么深层的秘密。

我们曾以为目之所及、肉眼所见、所思所想，就已经是全部了。真相却远不止如此。

潜意识有几个特点：

1. 潜意识常常跟意识是相反的。

这个不难理解。最常见的例子：

一个人表现得越自大，实际就越自卑；

一个人表现得越不在乎钱，内心就越看重钱；

一个人看起来极度外向，恰恰可能极度内向。

2. 潜意识不做“好”与“坏”的区分。

潜意识无法在现实层面或者道德层面去判断“好”和“坏”，“对”与“错”。

一个孩子总是惹妈妈生气，被气急了的妈妈只好朝他怒吼。其实这个孩子的潜意识里只是希望用一些行为引起妈妈的关注，通过激发妈妈的情绪，来感受妈妈的爱。但孩子潜意识里并不知道这样的行为是具有破坏性的。

一位丈夫出轨了，从道德层面来说，他要受到批判和谴责，但他的潜意识并不清楚什么是道德，他这么做只是为了满足自己的某种需求。

3. 潜意识是“因果倒置”的。

意识层面，遵循的是“有因才有果”。比如，因为生活过得不如意，所以我很痛苦。

但潜意识层面是相反的。因为我需要这份痛苦，所以不能让生活过得太如意。

一个十几岁的少年还离不开妈妈，看上去是他不够独立，但实际上很可能是妈妈离不开他，他潜意识里为了满足妈妈，所以让自己不能独立。

4. 潜意识擅长制造重复。

有一部电影叫《隐墙》。女主角随一对夫妇到阿尔卑斯山的小木屋度假。到达之后，那对夫妇就外出了，从此一去不返。

女主角外出寻找，发现所有通向外界的路，都被一堵无形的墙拦住。她被困在了这个看似开阔、却没有出口的空间里。

这部电影被许多人解读为一个自闭症患者的世界。

我想，或许它也可以作为一个关于潜意识的隐喻。

一面看不见的墙，将一个人困在一个特定的区域里。没有出口，没有期限。在这面墙之内，缺乏自我力量的人只能日复一日地活着，每天的生活复制、粘贴。

看不见的潜意识也是这样运作的。

潜意识里的创伤体验，就像那面隐形的墙。它看似什么都没有，但就是把人困在原地。

冲不过去的人，日复一日地重复，打转。

潜意识是如何制造重复的？

文章开头的爸爸，很容易无意识地创造一些“机会”和“条件”，让孩子去体验他当年的生活。

一个从小被父亲贬低甚至家暴的女孩，很容易不自觉地选择一位和父亲相似的、不能善待她的伴侣。

一个人无论娶了什么样的妻子，或者嫁了什么样的丈夫，他 / 她很容易无意识地将这个伴侣变成他 / 她讨厌的样子。

所谓宿命，就是潜意识对过去的重复。

我的一位作家朋友写过一句话：最终，钱流向了不缺钱的人那里，爱走向了不缺爱的人那里。

这也是重复。

得到过幸福的人，就容易重复幸福。

经历过不幸的人，就容易重复不幸。

要如何才能跳出不幸的轮回？

荣格说：当潜意识被呈现，命运将被改写。

这是改变潜意识、改写命运的最为重要的一步：将潜意识意识化。

潜意识拥有无限可能，但需要将意识和潜意识连接，让它们协作，才能创造出新的可能。

当我们带着一份对自己的觉知，去感觉这些重复，就会看到潜意识的运作。这些运作都是为了满足一个过去的自己的隐性需求和渴望。

当我们以成年的心态来重新回溯自己的成长经历，会看到我们的创伤停留在哪个阶段，发生了什么，感受到什么。

去接纳，去抱持，我们告诉自己：我已经不再是过去的我，我亦不需要再用过去的方式来满足自己。我可以用我当下的资源和能力，以新的方式，成就自己，满足自己。

当我们跳出这个循环，就不会再用破坏性的重复去影响我们当下的生活。

比如，我曾经经历过痛苦，这份痛苦刻骨铭心，深入骨髓。可能在某些时候，我还会不自觉地想去重复这种痛苦。

但将潜意识进行了意识化之后，我可以在文学作品里、在电影里、在音乐里、在别人的故事里，去体会和感受当初那种感觉，而不会在现实中用破坏关系、影响生活的代价去重复体验。

比如，我曾在过去的生命中压抑了很多的愤怒，被压制的攻击性无处释放，但在潜意识被意识化之后，我的人格实现了成长，我便学会了如何用更好的方式去释放这些攻击性。

我可以选择在游戏中拼杀，可以选择学习搏击与教练对战，还可以把攻击性转化为竞争力，通过竞争中战胜对手获得成就感来完成攻击性的转化。

这一切，都在潜意识的重复中完成了升级。

这，就是被改写的命运。

梦，是通向潜意识的大门

朋友给我讲了一件让人啼笑皆非的事。

某天清晨，她一边刷牙一边向她老公讲述，她梦见和某位男明星约会了。

然后，她随口问了一句："你有没有梦见过别的女人？"

老公点头。

她又问："那在梦里有没有跟她发生点什么？"

没想到这个大直男竟然承认了，承认自己在梦里和别的女人"发生了什么"。

然后这位朋友就生气了。

她的愤怒在于："梦就梦了，还大言不惭地承认，合着他早就有这想法了！都说日有所思，夜有所梦，他就是有了这想法才做这梦的！"

我在电话里纠正她的偏激：这种梦很正常，男女都会做，并且男人会比女人做的要多。这无关人品道德，也不代表他在现实中会这么做。

梦是欲望的满足。

就像我们小时候都梦见过自己会飞或者能拯救宇宙一样。

当人的一部分欲望，不能在现实中得到满足的时候，潜意识就会让它在梦里完成。

柏拉图说：好人做梦，坏人作恶。

在我看来，朋友的老公，用这样一种方式，释放了一部分本能。而他选择对妻子坦诚，除了他自己性格里的憨直之外，其实也有一种深深的信任。

这份信任，是对他自己的，也是对伴侣的。因为一个能直面欲望的人，才更有能力管理欲望。

学习精神分析，释梦是必不可少的工作。

弗洛伊德在 1900 年出版了《梦的解析》一书，被誉为改变人类历史的书，也是精神分析理论体系形成的一个重要标志。

弗洛伊德认为，在梦里所看到、感受到的一切，都是有意义的。它是一个人与自己内心的真实对话。因为人在清醒的意识之下，还有潜在的心理活动在进行，即潜意识。

当人进入睡眠，意识停止工作，潜意识仍在活动。因此，梦是理解潜意识的捷径。

我有过几个持续时间很长、频繁做梦的阶段。在那个阶段里，我几乎每个晚上，整夜整夜地做梦。梦里有生离、死别、奔跑、哭喊、争吵、崩溃、逃亡。梦里会出现去世的人、从前的事。有山巅、大海、悬崖。各种激烈情节，各种失控情绪，全部在梦里一一呈现，并且都无比清晰，记忆深刻。

某次在施琪嘉老师的课上做个人体验，我和他谈论这些梦。

他说：梦，是一种自己帮助自己的资源。

这句话让我有醍醐灌顶之感。

我想起我从小就是一个非常爱做梦的孩子。每天夜里，从闭上眼睛入睡那一刻起，一个新世界的大门就开启了。梦中我上天入地，无所不能。我的梦里有时也会出现妖魔鬼怪，让我惊惧无比。

我的童年和少年时代，几乎没有一夜是无梦的。那也是我非常忧戚的人生阶段，敏感、自卑、脆弱、压抑。

梦，是我的隐蔽世界。它让我在现实世界里得以喘息。

那些奇幻的梦境，是我度过童年和少年时光的重要支撑。

三毛写过一篇文章《梦里梦外》，写的是她在定居拉芭玛岛前后，反复被一个梦纠缠。

我在十几岁时第一次读这篇文章，就感到无比震撼。三毛描写的梦境让我有种莫名的熟悉感，我甚至会在某一瞬间，感觉相似的场景也在我的梦里出现过。

所以在很多年的少女时代里，我都幻想着，有一天我从一个长长的梦里醒来，发现我并不是我，而是另一个人，过着另一种生活。而那个叫李爱玲的人，只是我梦里的一个人物。这发生的一切，都只是在我梦里的她的故事。

后来我和我的心理咨询师做了很深入的探讨，梳理出了两个脉络：

第一个：有些梦，帮我再现了“未完结事件”。

成年后的若干年里，我的一些情感的表达，一些未竟的心愿，包括我的辞职，我妈妈的去世，都有我在现实中并未彻底完结的情感。

我总是梦见我小时候生活的老房子，梦见妈妈生病时住的医院，梦见我辞职之前上班的场景。这些都在提醒我：关于分离，关于告别，我尚有很多未了的功课。

第二个：有些梦，帮我释放了强烈的情绪。

争吵、痛哭、呼喊，歇斯底里，呼天抢地，这些在梦中发泄的情绪，对于我这样一位中年女性，几乎都是不可能呈现在日常中的。

潜意识为我打开这样一个出口，让我以另一种方式完成释放。

其中，我做过印象最深的一个梦，梦中我七岁时被拐走，被拐到一个荒岛上。几十年里，我从未放弃逃走的念头。最终我练就了一项本领，能在水下生存。于是我纵身一跃跳入大海，靠着这项水下生存的本领，躲过了追捕，成功泅渡。我回到了老家，找到了儿时生活的平房和院子。奶奶还是当年的样子，我扑进她怀里，泪流满面。她搂着我，摸着我的头，温和安静，不悲不喜。

那份感觉，和我幼年时一模一样。她的气息，抚过我头发的手的温度，对襟褂子上的纹理，都无比清晰。

施琪嘉老师问我：“你觉得这个梦，对你意味着什么？”

我想了想："可能意味着，我又找回了一部分自己。"

很奇妙的是，经历了多次剧烈扰动情绪的"大梦"之后，我感觉整个人前所未有的轻松，能量越来越充足。

我想，应该是梦帮我释放了很多背负已久的东西。

有专业心理学老师把梦比作"原始人来信"：

"在我们心灵深处，的确有个原始的部分存在，如同一个原始人。他不懂得现代人的逻辑和语言，他的语言是形象化的、象征性的。梦就是他的语言。

"我们心中的'原始人'虽然文化程度不高，却具有一种朴素的智慧。他不会被词句欺骗，更能看清事物的本质。他时时注意着周围的事情，所以能注意到微小的细节，从中得出一些判断。他很有自知之明，当你狂妄自大时，他会及时提醒你应该谦虚。他还有几百万年来人类积累的经验，因此他很善于辨别善恶，知道什么对你是好的，什么是危险的。他从不自欺欺人。"

梦是潜意识，也是真实身心的一部分。

如果有机会，我很建议找专业咨询师去做梦的解析。

它会让我们离真实的自己更近一步。

攻击性是生命力的体现

攻击性是人的基本动力之一。每个生命都自带攻击性。

婴儿在几个月大的时候，会通过咬妈妈的乳头来释放攻击性。小小的孩子并不知道这样做会带来什么后果。如果妈妈的人格是基本健康的，能承受得住孩子的攻击，而不去报复和惩罚孩子，就会让孩子产生一种“我是好的”的感觉。一个生命早期的攻击性越是能得到安全的释放，就越有助于转化为生命中的积极能量。这也是在早期养育中始终强调“无条件接纳”的原因之一。

无条件接纳，就意味着父母能接得住孩子的攻击，仍回应给孩子爱。在这个过程中，攻击性就被父母成熟的人格经过“过滤”，变为爱返还给孩子。

经过这样的“过滤”，攻击性转化为生命的活力，正向的能量。

如果父母的人格不够稳定，接不住孩子的攻击，以同样的攻击回应孩子，孩子的攻击性就会被压抑，没有经过“过滤”的攻击性，就容易转化为破坏力，产生负向的能量。

很多习惯打骂孩子的父母，以为孩子是被打好的。因为打一顿就听话了，省事了。

实际上，攻击性从来不会凭空消失。它只是被深深地压制了。

被压制的攻击性，会选择两个出口：

要么寻找其他时机，更大地释放；

要么转为向内释放，攻击自己。

孩子最容易向外寻找释放的时机，发生在青春期。

我们在现实生活中也经常看到，青春期叛逆严重的孩子，往往都是那些小时候特别乖、特别听父母话的孩子。

他们的乖只是假象，因为在弱小的时候无力对抗父母的强势和威慑，只能压抑内心的情绪和感受，一到青春期，随着激素的变化和自我意识的增强，他们第一个要攻击的对象就是父母。

孩子攻击的方式，有些是显性的，比如顶嘴、吵架，或者在学校里惹事、闯祸。还有一些是隐性的，比如厌学。

在他的潜意识里，父母关心的不是我，而是我的学习。那我就把学习搞砸，或者干脆不学了，以此完成对父母最具杀伤力的攻击。

这些都是在潜意识层面发生的，而不是意识层面。所以对处于青春期的孩子，最没有用的就是讲道理。因为道理全是意识层面的东西。而能进入潜意识的，只有情感。

这也是在心理咨询和治疗中，为什么只有父母和孩子真正建立了心的连接，孩子的问题才能得到解决的原因。

转为向内的攻击性，破坏性巨大，但往往更加隐蔽。

当攻击性向外得不到释放，不能攻击任何人、任何关系，那就意味着：我只能攻击我自己。

让身体生病或者让心理生病都是攻击自己的方式。

抑郁，就是典型的攻击性转向自身的结果。

而一个人对自己攻击的最严重级别，就是自杀。

所以，一个人要活着，要正常健康地活着，就要把攻击性释放出去。

将攻击性释放出去，并不是指要去打人骂人，去做伤害他人的事。

而是用恰当的、正确的方式，去表达自己的情绪，去保护和捍卫自己。

我曾收到一位读者的留言：

“看你文章里写道，父母不要教育孩子太听话，我好像一下子明白了我的问题。

“我的家庭算是个知识分子家庭，妈妈是老师，爸爸是单位的工会主席。从小父母对我的学习和生活都要求很严格，用现在的话说，他们是把我按‘淑女’标准培养的。每次妈妈要求我做什么，我稍一反抗，她就会说：‘你这才多大，就学会不听话了’，要么就是：‘你这是跟哪个同学学的来顶撞家长？以后不许跟她玩！’爸爸会直接训斥我：‘翅膀硬了，反了你了！’就这样，我变成了一个乖孩子，成绩不错，老师都很喜欢我。

“我真正意识到自己的懦弱是在工作之后。办公室同事都喜欢把一些琐事交给我，开始我还很自豪，觉得这是同事对我的认可。后来发现并不是，那只是一些他们自己不想干的琐碎活。我想拒绝，但又害怕得罪他们，破坏了同事关系。

“现在我快要结婚了，男朋友对我挺好，可他妈妈总是干涉我，上周她说结婚后让我换个工作，不用经常出差，能顾家，最好等生了孩子之后再出去工作。其实我很不高兴，但还是忍住没说话。我怕把关系搞僵了，以后婆媳相处更麻烦。

“现在我知道问题在哪里了，是我太习惯服从，怕别人生气，怕别人不喜欢我。我要试着改变自己，不再总当老好人。”

这位读者，是现实中无数“乖乖女”的代表。她们从小被训导在“听话模式”里，在年少时取得过不错的成绩，父母放心，老师省心。

当她们带着这个模式进入成年，走向社会，“乖乖女”就很容易成为受气包。因为模式的惯性让她们习惯了讨好他人，服从权威，自我压抑。

这种模式让人痛苦。

事实上，在关系中，老好人也很难得到尊重。因为习惯了自我压抑的人，总是在向外释放无形的信号：我的感受不重要，不必尊重我。

他们很难获得真正平等的关系，甚至总是会无意识地破坏关系，好心办坏事。

但往往这个时候，父母会再次跳出来指责她们：你就不能硬气一点？

而父母不知道，这份“硬气”早在若干年前，就被他们毁掉了。

父母要允许孩子顶嘴、反抗、不听话。因为一个敢反抗父母的孩子，才是拥有生命力的人。

而生命力被彻底扼杀掉的人，会失去一切抗争的勇气，失去所有生存的斗志，牺牲自己全部的感受，成为一具行尸走肉，一副逆来顺受的躯壳。

而亲手将这份生命力扼杀掉的，往往就是一心只想让孩子听话的父母。

对父母不讨好不屈从的孩子，才有强悍的生命力面对人生风雨。

想象一下，在一个老好人和一个真性情的人之间，我们为什么喜欢真性情的人？

因为他们更真实。

他们是敢把“好”和“坏”都表现出来的人。这恰恰是极具吸引力的。

在两性关系中，之所以有吵不完的架，其实是在向对方释放攻击。

很可能是因为，他们的攻击性在未成年时期没有得到很好的转化。成年后一遇到问题，他们只会本能地使用原始的方式，比如指责和咒骂。他们攻击伴侣，本质上都是在攻击早年的父母以及另一面的自己。

在亲密关系中如果两个人的攻击性都没有得到转化，都活在不安全依恋中，注定要陷入恩怨纠缠，生生世世，俗称“孽缘”。

活出攻击性，并不是非要去打人骂人，伤害别人。而是我们要在内在世界里翻山越岭，看到自我的另一面，接纳自己的“好”和“坏”同时存在，承认它们都是自己的一部分。

越是能接受“坏”，就越能发挥出“好”，攻击性就会被升华。

没经过升华的攻击性，充满原始的动物性，会表现为暴力和伤害。

而升华后的攻击性，会转化为生命的热情、活力，创造性与竞争力。

成长，是打破自恋

自恋和攻击性一样，都是人类活着的基本动力。

所以自恋本身是个中性词，它不好不坏，客观存在于人的一切心理和行为活动之中。

自恋分两种：健康的自恋和全能自恋。

什么是健康的自恋？

曾奇峰老师对此有一个精妙的解释：健康的自恋，就是一个人吹过的牛，他基本都实现了。

一个人的人格是基本健康的，他认为自己是好的，他所设立的目标，都能经得起现实检验，并能够努力实现它。

马斯克说要发射卫星去火星，并为之付诸行动。无论最终他能不能实现人类移居火星这一梦想，他无疑都是一个厉害的人。

这种就是健康的自恋——我信任我自己，我相信我可以。

但如果天天喝酒打牌的隔壁老王，说他要移居火星，你会觉得他喝醉了。很明显他不可能实现。

这种就是全能自恋——活在妄想之中，经不起现实的检验。

健康的自恋可以帮助一个人更好地发展自我，创造价值，实现人生理想。

而全能自恋是一种不健康的自恋，会束缚一个人的能力的发挥，将他困在僵化的状态中。

2015 年我出版第一本书的时候，一位朋友 A 就说，他也要写一本书，是一部小说，将来要改编成剧本，拍成影视剧。

我很期待。

A 是个才子，学贯中西，对文学艺术都很有见解。尤其是电影，他常年保持着每天两部电影的阅片量，积累丰厚。所以他说要写一部小说，一个剧本，我绝对相信他有这个水平。

但七八年过去了，至今还是没看到他的书。每次问他，他的回答要么是“这阵子忙，计划下半年开始写”，要么是“今年状态不好，明年肯定出来”。

后来这事不了了之，他不提，我们也不问了。

为什么一个人明明具备做某件事的能力，却迟迟做不成呢？从 A 身上，我找到了答案。

A 是个完美主义者。早些年因为发表过一些批判性文章，在圈内小有名气。他经常挂在嘴边的话是“要么不做，要做就做最好的”。

他对要写的这本小说，赋予了完美的期待：此书一经出版即引发轰动，被抢购一空，被疯狂加印，成为现象级文学作品，被各大影视公司争相购买版权，并由知名导演亲自操刀，拍摄成影视剧，参加国内外各大奖项的角逐……

这种完美的期待和要求，就是一种全能自恋。

一个人要求自己的作品是完美的，意味着他认为自己也是完美的。因为只有完美的人才能产出完美的作品。

但他为什么没能真正产出这部作品呢？因为一旦要去实现它，就会打破他的自恋：

写作过程中，书稿可能会遇到创作瓶颈，可能会遭遇难产，可能对完成的部分不满意；出版之后可能会遭受批判和抨击，影视版权可能无人问津……

因为在现实世界中，没有作品是完美的。作品不完美，意味着人也不完美。他无法接受“自己不完美”这个真相，无法承受自恋的破碎。所以，不写，就不会破碎。

这种过度的自恋制约了他的行动力，让他的才华无法真正转化为作品。

严重的拖延症，都是这样的表现，都是全能自恋的人。

有一个读者跟我说起他的父亲：

“从小到大，家里大大小小的事，他一样也干不了，一插手准搞砸，只能靠母亲操持。

“但一遇到别人家的事，他比谁都积极，没有他不参与不张罗的。而且还热衷于跟人讨论国家大事，古今中外，国际局势，乐此不疲，仿佛他是联合国主席。”

这位读者的父亲，也是一个包裹在巨大的全能自恋里的人。全能自恋像一个飘浮在半空的气球，一落地就会被扎破。

能忙活别人家的事，但干不了自己家的事。因为别人家的事，他是以一个外人的身份参与的。外人这个身份是一个很好的隔离。一个是结果上的隔离，事情处理的直接后果不需要他承担。另一个是感受上的隔离，他不是当事人，不必接受直接的情感冲击。

一旦具体到自己家的事，进入他真实的角色之中，他就要面对能力的缺失。从打扫采买，到协调关系，再到照顾孩子，他发现自己都搞不定。这会直接导致他的自恋受损，发现自己是一个无能的人。这种体验太糟糕了，不去做就可以最大限度地避免这种体验。

转向谈论世界局势，能获得自恋的满足。讨论得越多越激烈，就越容易产生“掌管着这一切”的感觉。只要不触碰真实生活中的问题，他便能一直享受下去。

有的管理者，只会重用各个方面都不如自己的人，而忽视甚至贬低真正有能力的人。他需要时时处处显示出在这个团队里他最强，他最聪明，其他成员都不如他。

我们都知道，一个真正有智慧的管理者，追求的是最终的结果和利益。绝不仅仅是只为满足自己的自恋，需要靠下属的衬托，证明自己比别人都强。这也是一种极度自恋的表现。

还有很多特别圣母心、过度为他人付出的人，也是全能自恋。

他们潜意识里认为自己太重要了，重要到如果自己不这么做，别人就活不下去的程度。

当我们受困于某种情境时，需要自我觉察，看自己是否陷在自恋之中，是否被过度的自恋影响了正常的判断、选择和行动。

从本质上来说，人的成长就是一个不断打破自恋的过程。我们将旧的自我一次次打碎，接受生命的真相，经历现实的捶打和历练，诞生出新的自我。这个一次次被打碎、一次次重塑的过程，就是一个人的人格走向坚实、走向成熟的过程。

他人的故事，是自我的照见

我很喜欢看电影，尤其喜欢灾难片，特别是那些大场景、大制作、冲击力极强的灾难大片。我身边的女性朋友，大部分喜欢轻松搞笑的喜剧片，或是缠绵悱恻的爱情片，很少有像我这么“重口味”的。

在学习精神分析之前，我对自己有这个癖好的理解是：我有一点“找虐”的倾向，灾难片可以给我这种“虐”的刺激。当我用两个小时的时间，在一部电影里体验濒死的绝望和窒息之后，再重新回到现实中，发现没有海啸，没有地震，没有行星撞地球，没有外星人入侵，没有世界末日，我还可以好好地活着，就会生出无比庆幸之感，瞬间感觉更加珍惜生命，热爱生活，活着真好。

我用这种方式，激发出自己现实层面的积极与乐观。

我曾经以为这个自我解读已经蛮深刻的了。

直到这几年，随着自我探索越来越深入，人格成长日趋稳定和成熟，我开始尝试着从更深的层面重新解读。

第一，灾难片里的山崩地裂，形成强烈的视觉冲击，让人高度紧张。这可能让我重新体验到早年内心世界强烈的不安和绝望。

我从幼年开始经常目睹父母争吵、打架，对于一个年幼的孩子来说，父母的战争行为，无疑等同于世界崩塌。这样的场景在我童年的梦里也经常出现。

灾难，意味着失控。

我用电影一次次还原、回忆、体会这种失控体验。它让我紧张、不安、甚至一度绝望。这种感觉是虐心的，但又是我曾经熟悉的。

电影是虚拟的，它只在屏幕上发生，并不在现实中发生。因此我仍是安全的。

所以我无意识地用这种安全的方式，去回溯自己的童年，重新体验曾经的感受。但这个过程我又是可以掌控的，我知道它时间一到就会终止，我也随时可以走出这种感受。

用可以掌控的方式，去体验无法掌控的感觉，是一种很奇妙的体验。

第二，灾难片里的生离死别、丧失毁灭，满足了我对高浓度情感的需要。

在多年自我探索的过程中，我逐渐清晰地看到，我是一个情感浓度很高的人。

在感情中我需要强烈刺激，所以我几乎不看那种平平淡淡的故事。无论读小说还是看影视剧，我都喜欢它情感高潮的部分。

在现实中，随着人格的成熟，我已经不可能用恋爱时的“作”、用在感情里“找虐”的方式满足自己这种需求了。因为它会破坏现实中的关系。但灾难片里强烈的生离死别，可以满足我对剧烈情感的需要。

但对于一些真正发生在现实中的灾难事件，像地震、空难，我并不敢多看。因为它是真实发生的，会让人无比悲痛。这种情感浓度我承受不了。

看灾难主题的电影我是可以承受的。因为意识层面我知道它是虚构的，因此在观看过程中产生的情绪，我可以接得住。

第三，灾难片虽然以某种灾难为主题，但最终仍会给人希望。比如电影的结局通常是主人公历经千难万险，最终活下来，与家人得以团聚。

这部分满足了我的自恋。我经常会幻想，如果我遇到电影中的情形，一定也能死里逃生。我在观影时会代入这样的自己，我与影片中的主角融为一体，我即他，他即我，我要么有非凡的本领，要么有机敏的头脑，在无数个惊险万分、生死攸关的时刻，我总能想出办法，总能幸运脱困。

这种自恋的满足对我很重要。

我需要幻想一个强壮的、战斗力爆棚的我，来代替现实中的我，实现一个女超人的梦想。

影片结局，活下来的人总是传递着生的希望。最终，生本能战胜了死本能，这也呼应了我强韧的生命力。虽然我是一个悲观主义者，但在现实世界里，我的的确确在积极地活着。

还有很多女性，是宫斗剧《甄嬛传》和《如懿传》剧迷。

对于《甄嬛传》这种制作精良、人物形象立体的电视剧，大家看的早已不是争宠和宫斗的情节。

看的，是千百年来相似的人性。

每一个人物都渺小如尘埃，于所失所得之间博弈周旋，在不得不臣服的丛林法则中立足，充满艰辛与无奈，但又在求不得和已失去之间，做抗争与保全。

没有绝对的好人，也没有十足的恶人。

欲望，人性，关系，错综交织的画卷徐徐展开，每个角色都有变化，有人走向成长，有人走向毁灭。

更多的女人喜欢《甄嬛传》，因为它更像一部复仇记。

天真纯粹的少女经历了一系列阴谋暗算、情爱幻灭、生死诀别之后，彻底抛弃儿女情长，从此开挂，机关算尽，穿越疾风骤雨，踏平浮花浪蕊，步步为营，大杀四方。她将昔日对手一个个击溃、碾压，最终站在权力之巅。

而《如懿传》则不同。她始终保持着看似不合时宜的本心，经历一系列颠簸苦难之后，平静地接受了“兰因絮果”的结局，带着自己的澄明和纯粹，溘然长逝。

从自我的角度，她艰难地保持了自己的纯粹与真实，获得了内心真正的平静自在。

即使在那样一个封建时代，在身不由己的宫墙之内，她最大化地保有了个体的独立，守护了内在的本真。

他人的故事，即使隔着千百年，在虚构与现实之间，依旧可以成为我们照见自我、诠释自我的工具。

我还非常喜欢一部美剧——《欲望都市》。

四个都市女性，在一季又一季的剧情里，完成着生活的变迁，角色的转换，自我的成长。

我发现，在女性剧迷群体中，对凯莉既爱又恨的人很多。一边骂她“作”，恋爱脑，离开爱情活不了；一边又心有戚戚，爱情至上似乎也不是错，好像自己也有过这样的时刻。

但几乎所有女人都喜欢萨曼莎，她热烈大胆地爱别人，但又永远忠于自己。

那句“我爱你，但我更爱我自己。毕竟我和我自己有四十九年的感情”，至今仍是经典金句。

喜欢一个角色，对某个人物有感觉，都是因为，我们在她们身上投射了自己的影子。

我们将一部分自我投注到她们身上，看着她们在一季又一季的剧中走来，仿佛就看到了自己。

同样的，当一个少年，开始有了偶像，开始追星，开始听歌，开始读小说，这也意味着，他的世界在延展，他的人格疆界在扩大，他的自我在向外投注。

这是值得肯定和欣慰的事情。

我在 15 岁的时候迷上了三毛，买了她所有的作品，日读夜读，痴迷不已。现在回头来看，那是一个青春期少女通过她的文字去扩大自己的人生体验。在她的文字里，我感受撒哈拉，感受马德里，感受加纳利亚岛。

身不能至，心向往之。我想这是我现在如此热爱文字和旅行的重要原因。

至今，流浪的三毛仍是很多人的理想。真实的她可能不完美，但她一生的自由与热忱，经历的丰富与饱满，满足了无数人的理想自我。

2018 年，我组织了第一次读者旅行团，跨越一万三千公里，去到北非撒哈拉沙漠。当我真切地站在飞沙走石、荒烟蔓草的大漠之中，回忆起三毛书中写过的“哭泣的骆驼”“像女人胴体一样美丽的沙丘”“深蓝到像冻住了的长空”“伸出双臂向天空呼唤的仙人掌”时，我才真正体会到那句：心有多大，世界就有多大。

心有多大，指的是一个人的自我疆界。它是一个人的自我可以伸展开的空间。

我们能把自我延伸得多大，就能在多大程度上创造自己的外部世界，实现自己的人生理想。

所以回到最初的那句话：现实世界是我们的内在世界创造出来的。一个人的自我能拓展到多宽广，他的现实世界就有多辽阔。

《桃心话》专栏问答

讲述一：

我是一个很敏感的人，但我讨厌自己这么敏感，因为活得太累了。我总是在意别人的眼光，别人的评价，在意别人怎么看我。我经常因为这些失眠，对自己生气，明明知道这样不好，却又改不掉。

要怎么才能变成一个钝感的人呢？

回复：

敏感和钝感，一部分来自先天特质，一部分来自后天养育。

先天敏感的人，可能从一出生就是个“高需求宝宝”。

在后天养育过程中成为敏感特质的人，可能经历了一些养育中的创伤事件。比如，父母情绪不稳定、情感不稳定，孩子从很小的时候就无意识地学会了察言观色，捕捉父母的情绪。因为过于关注父母的情绪和情感，他就很难发展自我。

无论哪种情况，对于成年人，我们需要知道，敏感和钝感都只是一个人的特质，而不是优点或者缺点，它们没有绝对的好或者坏。

我们需要做的，是全然地接纳自己的特质，将它们转化为优势和资源去使用。

我自己也是一个很敏感的人。在青春期的时候，我曾经非常抗拒自己的敏感，我知道我每天都有大量的情绪无处释放，尤其对情感、关系，都非常在意，活得很累。

我只能通过写日记的方式来发泄。

我曾经质问自己：这些东西有什么用呢？

在当时确实没有什么用，但这些因敏感而产生的无处安放的情绪，让我在不知不觉间养成了用文字表达情感的习惯，为我成为一个专职写作者打下了基础。

工作之后，这份敏感所带来的敏锐，让我在团队中更能体察别人的情绪，甚至在我做人力资源管理工作的时候，除了专业经验之外，还能更加信任我的直觉。在我后来学习心理学、成为心理咨询师的过程当中，敏感的特质变成了我的优势。

敏感这项特质，往往伴随着敏锐的直觉和洞察力，而这些恰恰是创造的源泉，是灵光乍现，是神来之笔。

钝感的人，他们的自我稳定性更强，他们不那么在意关系中的感受和外界的评价，相对不容易受伤害，往往活得更乐观，更简单。

但要说哪一种是绝对的好或者绝对的糟，没有答案。

一个敏感的人可能终其一生都无法成为一个钝感的人，同样，一个钝感的人，再怎么努力敏感，都不如那些天生敏感的人。

但成长的意义就在于，我们可以让两种特质，在创造自我价值的过程中得到尽情的发挥和充分的呈现：

敏感的人情感更细腻，情商更高，共情力和理解力都更强。

钝感的人不容易受外界侵扰，更擅长坚定目标。

随着一个人的成长成熟，自我趋向完善，敏感的人会慢慢稀释掉一些敏感，钝感的人会慢慢中和掉一些钝感，一个人就在这样的成长历程中慢慢趋于平衡，活得更加豁达。

讲述二：

目睹了妈妈和她的情人约会，我崩溃了。我不知道要不要告诉爸爸，也不敢想象爸爸知道后会怎么样。他们的关系一直不好，我知道爸爸不爱妈妈，他暴躁、粗俗、爱骂人。妈妈也不爱爸爸，他们吵了半辈子，一吵就嚷着离婚，妈妈说要不是为了我她早就走了。

我从小就很乖很听话，努力学习，希望全家人都能开心一点。只有在开完家长会的当天晚上，我才能看到妈妈的一点笑脸。其实我能理解，这么多年她需要爱，需要有个人呵护。可我真正得知她出轨的那一刻，又觉得爸爸很可怜，在我们老家那个小地方，这种事是会被嘲笑、被议论的。

我恨他们，也可怜他们。我该怎么办?

回复：

一个从小目睹父母感情不和、争吵、张口闭口闹离婚的孩子，恐惧的种子已经深埋在内心深处。

在孩子的潜意识里，会将父母争吵、感情不和，不幸福，统统归咎为自己的错。

你拼命内疚、拼命自责，努力表现得好一点、乖一点、学习努力一点，希望能让爸爸妈妈快乐一点。当你长大后，你仍然沿袭着这种模式。他们的问题，明明不是你的错，但你仍会煎熬、愧疚，希望能为他们做点什么。

人在幼年时形成的模式，在成年后很难摆脱。

因为我们潜意识里不愿意承认，对父母的事，我们是无能为力的。那种无力感，比内疚和自责更让人痛苦。我们宁可承受内疚、自责，也不愿面对这份无力的挫败感。

目睹妈妈和情人约会，再度加重了你的无力感——妈妈在感情上，彻底放弃爸爸了。你努力了那么久，他们还是没有和好。

妈妈出轨，你感到耻辱。因为你有你的道德标准。但同时，你又对妈妈抱有一份理解和同情。你明白她缘何走到了这一步。

一边是亲情的理解，一边是道德的排斥。一边是深深的爱，一边是深深的怨。你在矛盾中被撕扯，这是一份更大的痛苦。

对爸爸也是如此。你知道他不是一个好丈夫，从来没有好好呵护妈妈，但当妈妈真的背叛了他，你对他又有了一份怜惜与悲悯。

对父母的爱怨交织，汇聚在一个孩子身上，多么难。

你唯一能做的，就是剥离。从这段三角化关系里，将自己剥离出去。

父母的感情和婚姻，那是他们自己的事。他们的人生问题，就让他们自己解决。也许他们会痛苦，会迷茫，那都是他们需要完成的功课。

无论他们最后怎么解决出轨事件，你都不要再卷入他们的战争，也不要去评判他们的输赢。如果他们再次将你拉扯进来，你要坚定地告诉他们：我很在乎你们，但你们之间的事，你们自己去搞定。

也许你会说：这太冷漠了，他们是我的亲生父母啊，我怎么能这样做?

但你需要知道，他们之间的关系模式，是他们两个多年合力创造出来的。没有哪一方是绝对无辜的。这么多年，他们不停地吵，不停地闹，不停地拉锯，却仍然在一起。他们说都是为了你。但实际上，他们才是彼此的因和果，是他们默许了这种存在了多年的婚姻模式。

爸爸用暴躁来对抗不爱的关系。妈妈用出轨来浸润无爱的干涸。他们都是这段关系的造就者。

你已经做了很多年的“夹心人”了，想活得轻松一点，除了独立，别无选择。

而独立的第一步，就是不再为他们的事负责。

你可以继续爱他们，在乎他们。也可以为他们的婚姻感到难过。但你要先学着爱自己。好好生活，好好成长，好好拥抱生命。把属于他们的责任，交还给他们。

有的人，一出生就在一个和谐、融洽、有爱的家庭成长。他们天生“本儿厚”。而有的人，没有那么幸运。他们只能在动荡中适应，在不安中摸索，在成长的过程中，接受更多的挑战，完成自我的重建。

这个过程可能很痛苦。但也因为这些经历，让生命拥有了更多韧劲，更多张力。

如同经历过荒野求生的小兽，历经千难万险，归来时，你不再是慌张少年。

痛快去活

第二章

发展灵动的人格

问题，与人格僵化有关

被誉为“现代催眠之父”的米尔顿·艾瑞克森曾表示：人之所以出现问题，是因为人格的僵化。

世界上的万事万物都在发展变化之中。如果一个人的人格是僵化的，失去灵活性，无法应对变化，就会出现问题。

客观来说，问题，要么被解决，要么被接受。

无论是被解决，还是被接受，问题都可以不再让人烦恼和痛苦。

真正让人痛苦的，是问题既不能被解决，也不能被接受。

这几乎是一切烦恼的来源。

一个人的人格是如何在这个过程中发挥作用的呢?

解决问题，需要一个人启动智力能力、调配资源、聚集目标、付诸行动。

接纳问题，需要一个人拥有良好的心态，具备适应性、接纳力和涵容度。

这些，本质上都是靠人格中的自我力量和灵活性去完成的。

所以我非常认同曾奇峰老师说过的一句话：任何成功，到最后都是人格层面的成功。

僵化的人格，很难做到成功，无论是世俗意义上的成功还是心理意义上的成功。

第一，僵化的人格会限制智力的启动和能力的发挥。

家长辅导孩子作业时，经常会出现这样的场景：

如果父母因为孩子写错一个字、做错一道题就大发雷霆，后面给孩子辅导的内容，孩子基本都学不会，甚至越学越糟糕，越学越混乱，连原来会的也变得不会了。

因为父母的怒火让孩子的自我僵住了，大脑无法思考了，原本具备的智力都无法正常发挥了，也就是我们俗称的“蒙了”。

智力得不到充分的使用和发挥，就无法发展出能力。不具备能力，或者能力不足，就不具备解决问题的条件。

第二，僵化的人格会让人固守在某种限制性的信念之中，不能适应外界变化。

我们说一个人“脑子活”，未必是他的智力多么超群，而是他的人格灵活，能面对不同变化使用不同的策略。

但人格僵化的人，就是使用同一模式应对所有问题、所有境况，呈现出来的状态往往就是特别“轴”。这样的人，自然难以自如地解决问题。

而当解决不了问题时，他们也很难换一个角度看待问题，也无法接受“带着问题前行”，最终陷入艰难的境地。

第三，僵化的人格让人不相信事情有其他可能性。

僵化的人格很容易让人陷入二元思维。

二元思维认为，一件事非黑即白，不是好的，那就一定是坏的；不是对的，就一定是错的；一旦选了 A，就再也不能选 B……

活在二元思维里的人，很难进行自我反思并做出改变。因为反思意味着开始萌生“自己不一定都对，别人也不一定都错，可能存在另一种可以探讨的角度”的想法，但在二元思维的人的认知里，一旦认定自己是对的，就意味着别人一定是错的。自己不可能错，所以都是别人不对。

我在生活中见过人格最僵化的人，是一位同学的父亲。他如果认为一个字不应该这样读，就会持续地跟孩子争辩，即使拿出字典求证，发现字典也和他读的不一样，他会判定“是这本字典印错了”。可以想象，跟这样的人一起生活，会多么煎熬。

自我的成长，就是让人格变得不断成熟、更有弹性的过程。

弹性，就是既拥有稳定性，又兼具灵活性。

一个人有自己的主见，同时也愿意听取和参考别人的意见，这就是有弹性的人格。

一个人能接受自己和他人的瑕疵，能接受世事不尽如人意，这就是有弹性的人格。

一个人能在家庭、职场、社会的多种角色中自如切换，能在不同关系中展现多面的自我，这就是有弹性的人格。

如何避免人格僵化，发展出灵动、有弹性的自我呢？

首先就是扩大自我疆界的范围。

读万卷书，行万里路。这是古人在数百年前就教过我们的扩大自我意识的方式。

读书、看电影、欣赏一件艺术作品，本质上都是在和它背后的人交流。

在交流的过程中，我们将自我意识扩大到书中、电影中、艺术作品中，它们构建了一部分新的自我，成为我们的一部分。

我们经常会有这样的一种经历：读到书中的某一句话，看到影视剧中的一段对白，听到歌曲中的一段歌词，瞬间被深深触动。那一刻，这些体验，为我们的自我带来了扩容。

我们在不同阶段，与之交流的人都不同。我们也能深深感觉到，背后的这些作家、创作者、艺术家在不同生命阶段，所呈现的作品也不尽相同。

我喜欢的一位作家庆山，她曾经的笔名叫安妮宝贝。读安妮宝贝作品的时候，我也是处于青春期的少女，正是迷恋“青春疼痛文学”的阶段。

现在我早已离开了那个阶段，也不再读那些小说。而作者也在成长，她改名庆山，成为母亲，文字风格也发生了极大的改变，更具深度和哲学性。在文字中无声的对话，我能深深感受到，读者和作者，都步入了新的生命领域。

自我疆界需要在体验中得以拓展。

行万里路，从某种意义上来说，比读万卷书更为重要。

行万里路，是见识，是体验，意味着我们要在现实世界中，与万里路上的人与事互动。

这是构建新的客体关系的过程。

在第一章中我们提到过，自我在关系中形成，也在关系中成长。

一个只是宅在家里读书的人，可能会获得知识，但很难获得真正的成长。

因为真实的成长一定要发生在关系之中。

行万里路，在路途中遇见形形色色的人，他们的某些经历、观点、见识，会在交往的过程中，不知不觉地被我们吸收，成为人格成长的营养和能量。

“听君一席话，胜读十年书”，即是如此。

当我们被一个人的观点、态度、见解、处世方式、人格魅力所吸引，就意味着，他松动了我们人格中原本固有的东西。固守的东西被松动，新的自我便开始生发，形成不同的子人格，加入自我系统之中，人格就日益立体、多面、灵活。

人格越灵活，一个人的能力就越强大、越丰富，就越能解决和承载问题，不会在问题面前轻易被击溃。

很多人把“自我成长”固化在特定的阶段。有的人会觉得，只有年轻人才能成长，年纪大的人早定型了。

实际上，自我疆界的拓展，是没有年龄限制的。

我爸爸在 60 岁之前从来没有出过山东省，我以前说要带他去旅行，他赶紧摇头说：不去不去，那些景点我在电视上都能看到。

一个人在自我疆界小的时候，他很难接受去疆界以外的地方，因为这对他来说意味着不安全。就像我爸爸一开始，找了很多客观上的困难，比如腰不好，坐久了容易腰疼；比如肠胃不好，担心在外面会闹肚子。

这些理由，本质都指向他内心的不安。自我疆界以外的地方是陌生的，要迈出去，对他来说是一个挑战。

我辞职之后，有了相对自由的时间，于是就带着他去了很多城市。几次之后，他开始改变固有的观念。这几年，我每年都尽量抽出时间，带他去一些不同的地方，我明显地感觉到，虽然他已经是一名60多岁的老人了，但自我依然在发展，人开始变得松弛、豁达，不那么焦虑了，也没有那么多担忧了。

人格的成长和完善，是一生的事，什么时候开始，都取决于自己。

越有界限，就越自由

一位好朋友年少丧父，母亲带着她生活在农村。她说，在农村，没有男人的家庭很容易受到别人的欺负。就拿种地来说，哪块地是谁家的，都很明确。但有的人就会欺负孤儿寡母，今天多种一点，明天多种一点，想慢慢地将她家的地全部占了。

幸好她妈妈是个强悍、泼辣的女人，遇到这种情况，一边跟对方大吵，一边直接拔掉他们种过来的庄稼，最后守住了自己家的土地。

朋友说，在她印象中，从那之后，村里的人就不敢欺负她家了。

这就是界限。

朋友的妈妈用行动，捍卫了自己的地域界限——我家的地盘，不允许别人随便来种庄稼。

同时，她也用行动，捍卫了自己的心理界限——虽然我们是孤儿寡母，但绝不逆来顺受，被人欺负。

心理界限，是区别“我的地盘”与“别人地盘”的分隔线。它如同家中院子里的围墙、篱笆守护自己的家园一样，守护自己的内心边界。

网上有个金句——世上只有三件事：自己的事，别人的事，老天的事。

界限，就是用来区分哪些是自己的事，哪些是别人的事，哪些是老天的事。

不属于自己的事，不越界。这就是界限意识。

一个人在幼儿期，就会开始发展出界限意识。基本上从两岁开始，孩子会开始顶嘴，反抗父母，会握着自己的玩具不愿给别人玩。到青春期，孩子会有上锁的抽屉，带密码的笔记本，绝不告诉他人的秘密。成年后，他会进一步懂分寸，知进退。

自我界限被入侵，是一件很让人难受的事。

来访者小雪，今年43岁，已经是两个孩子的妈妈了。但她的母亲拿着她家里的钥匙，每周都要到她家中“视察工作”，然后在固定时间，对她进行集中教育：

冰箱里的绿色蔬菜太少，叶绿素摄入不够；

新买的裙子太浪费，之前已经有一条相似的了；

孩子的衣服没及时洗，攒在洗衣机里会滋生细菌；

……

小雪每周，都有一次这样的“历劫”。

“有什么办法呢？她就是这样的人。若是不给她钥匙，她就没完没了地打电话。”小雪无奈地说。

缺失自我界限的人，要么入侵别人，要么被别人入侵。

入侵的目的，是控制。

小雪的妈妈，是典型的入侵女儿生活的人。她的人格不能独立，边界自然无法清晰，她的自我和43岁的女儿共生在一起，在这种共生关系里，她无法区分“我”和“你”，只有控制了女儿，她才能找到自体的确定感。

被迫共生的小雪，虽然痛苦，但她也没有意识到，自己也是缺少界限的人。

虽然她已经43岁了，但她的人格还停留在弱小的、不能自立的阶段，她默许了母亲的入侵。甚至，在某种程度上，她还会无意识地“邀请”别人入侵。

小雪把自己家中的钥匙交到母亲手上，允许她随意进出，这意味着，她的空间界限失守了。

空间界限守不住，往往心理界限也守不住。

所以小雪和母亲长期处在相互纠缠的关系之中。她一边反感、痛恨母亲的做法，一边又不自觉地默认、配合母亲的做法。

要打破这种痛苦的共生，只有一个人先觉醒，先建立界限。

这个人只能是小雪。

系统学习成长课程之后，小雪做了很多自我成长的功课。当她终于勇敢地对妈妈提出收回钥匙的要求时，她已经不是从前那个弱小的她了。

当然，不出所料，她妈妈骂她没良心，不识好歹。

小雪毅然决然地将入户门换成了指纹锁。

心理界限建立了，空间界限自然也会建立。拒绝了母亲的入侵之后，小雪与伴侣和孩子的关系，也有了极大的改善。因为她拥有了真正属于自己的家庭，她感受到，她是这个家庭的女主人，她愿意以女主人的姿态，来经营自己的亲密关系和亲子关系。

在精神分析中，有一个用“反移情”的方式来辨别一个人是否有界限的方法，就是你跟一个人在一起的时候，感受是不是舒服。

如果跟一个人在一起，让你感觉放松，自在，你能感觉自己在和他交往中的边界很清晰，那意味着这个人也是一个边界清晰的人。

如果跟一个人在一起，让你感觉焦躁不安，难以自控，甚至总想对他做点什么，比如发火、说脏话，那很可能，他是一个边界不清的人。他的言行、举动、散发出来的气息，无形中入侵了你的心理边界，让你感到不舒服。

有一次，我参加一个为期一周的培训，最后一天在培训即将结束的时候，老师建议学员之间可以自愿两人结为一组，在课程结束之后，可以继续相互探讨和帮助，为彼此的成长长期助力。

有一位学员主动走过来要与我结为一组，她滔滔不绝地表达着对我的喜欢和欣赏，说她特别喜欢听我讲话，特别希望和我成为好朋友，特别希望以后能多见面交流。

尽管她说的都是溢美之词，但让我有种窒息的感觉。

于是我拒绝了她。尽管这么做可能会让她不满，但我无法以牺牲自己的方式去满足别人。

接触的人多了，我们会明显感觉一些人特别“拎得清”。跟这样的人打交道，你会感觉很清爽，不黏腻。

“拎得清”的人，都是自我界限清晰的人。人际关系中的清爽，是一种很可贵的状态。它需要用自我界限来实现和守护。

一般来说，对待外人，守住界限不是太难的事。

越是家人，越是亲密的人，保持界限越难。

现在很流行一个词叫“全职儿女”，指的是在当下就业压力普遍很大的环境下，一些年轻人大学毕业之后，找不到满意的工作，于是在家中“就业”，负责照顾父母或长辈的生活起居、洗衣做饭，父母和长辈从自己的退休金中拿出一部分，用于给他发薪水。

这个话题在网上引发了很广泛的讨论。

我思考的是另外一个点：

请一个保姆，是雇佣关系，干多少活，发多少钱，这个边界是比较清晰的。

但保姆换成家庭中的子女，雇主换成家庭中的父母，雇佣关系叠加了血缘关系和亲子关系，这对自我边界是一个重大挑战。

因为父母很难完全像对待一个真正的全职保姆那样对待自己的孩子。他们可能会对孩子投射不同的要求。

子女也很难完全像对待职场中的老板一样去对待自己的父母。他们可能会对父母抱有不同的期待。

一旦一方边界不清，关系就难以为继，成为又一个“百日床前无孝子”的失望案例。

我想这是“全职儿女”这项职业更值得去深思的东西。

最后，谈谈如何建立自我界限。

1. 保持空间界限

最常见的案例就是婆媳关系。

有位读者说：不同住，少见面，能减少 90% 的婆媳矛盾。

前面小雪跟母亲的案例也是如此。设置空间界限，不是不见面，也不是老死不相往来，而是各有各的生活领域，有交集，但不控制。这是避免冲突和矛盾最简单有效的方式。

2. 从小事开始拒绝

对于自我力量弱小，不擅长拒绝别人的人，可以从小事开始练习。比如，排队时拒绝别人无故插队，工作中不接受同事随意甩锅。从小事开始练习反抗、拒绝，捍卫自己的权益，一点点建立自己的边界感。

3. 温和而坚定

对于很多人来说，温和与坚定很难同时做到。

要么温和却不够坚定：面对强势的对方就退缩，面对弱势的对方就心软，不够坚定，就容易被突破界限。

要么坚定却不够温和：用激烈的反应和情绪来表达界限，虽然可能会达到目的，却容易破坏关系。

我想了一下，或许网上的两个金句可以帮我们做到温和而坚定：

这是你的事，那是我的事。

你说得有道理，但我不想听。

防御，是为了更好地活下去

每个人都有自我保护的本能。基于这个本能，自我会生出一系列防御机制，来有效地保护自己。

防御机制有些在意识层面运作，有些则在难以被觉察的潜意识层面运作。

比如，一个人习惯说“不不不”，这是一种明显的防御。一个张口就说“不不不”的人，他否认的可能已经不是你对他说的内容，而是已经形成了无意识的防御习惯。

还有一些不易觉察的防御，会以不同的形式出现。

司马光写过一首《西江月》，里面有一句：“相见争如不见，有情何似无情。”

看上去似乎是无情，实际上是因为用情太深，难以承受，所以用无情来防御有情。

了解自己不同的防御机制，对于认知自我、调整自我的灵活性有很大的帮助。

我经历过几年的异地恋。我老公当时还是男朋友，我们生活在两个城市，几个月才见一次面。

每次见面，在分别之前，我几乎都会没事找事、借题发挥地跟他吵一架。

那几年，他一直忍受我的暴脾气。他不明白我为什么要这样做，为什么这么短暂宝贵的相处时间，不能好好享受，非要搞这么一出。我自己其实也搞不懂，经常懊恼，但又控制不了。

这种模式一直延续到结婚之后。结婚的头几年他工作出差很多，而且经常要出海工作，一去就是七八天甚至十几天，手机没有信号，完全联系不上。

每次他上岸之后，都会第一时间给我打电话报平安，但我接了电话之后就会莫名烦躁，在电话里冲他无端发火，没一句好听的话。

直到我们有了孩子，我为了摆脱产后抑郁，开始学习心理学。随着对自我认知的探索和深入，我才逐渐看清这个模式背后的防御机制。

我是一个对分离有着极大焦虑的人。亲密关系中的每一次分离，对我来说都是巨大的挑战。

那个时候的我太过脆弱，难以承受分离的痛苦。婚后伴侣的长期出差，激活了我幼年的创伤。他离开，我留在原地，这让我在潜意识里重复了被抛弃的体验。我本能地用暴躁的负向模式，来抵御对分离的恐惧，用一系列的坏脾气，来防御我对伴侣的思念和依恋。

当我看清了这种防御模式之后，我便对自己释然了。我需要承认我很爱、很依恋我的爱人。我需要学习如何坦然地表达我对他的不舍和牵挂。

当我能够做到这一点之后，我们再也不为这些事而争吵了，因为本来也没有什么可吵的。他出差的时候我们会每晚通电话，睡前聊聊天，说一句“想你了”，然后互道晚安，关系变得更加亲密且轻松。

很多时候，一个人的情感太多、太浓，连自己也承载不了，就会用情感隔离来防御。

这种防御我是在我妈去世之后体会到的。

2014 年夏末，我妈因为突发脑出血猝然离世，前后只有几天。因为毫无准备，我要火速赶回老家，选墓地、通知亲友、安排殡葬各种事宜。

那几天，我几乎体会不到悲痛。像以往在职场完成一次次大型活动一样，我无比理性地策划、布置、执行，一切井然有序。

因为那个悲痛太大了，大到足以将我击垮。我的潜意识为了保护自己不倒下，便启动了情感隔离。

情感隔离的好处，就是让我在那个当下，与自己的情感保持了一定距离，不至于悲伤难抑。

这场隔离的失效，是在入秋之后。

某天傍晚我下班回家，路过我家小区附近的公交车站，以前，我妈会在傍晚带着我儿子坐在车站旁的长椅上，等我下班。

我看着那个长椅空空如也，顷刻泪如雨下。

后来，我在午夜梦回里哭，在创伤疗愈课上哭，在心理咨询师面前哭。一直用了几年时间，各种方式，才把这份悲伤释放完。

“合理化”也是一种常见的防御机制。比如，有的父母在控制孩子的时候，会把“都是为你好”挂在嘴边，这样就把自己的控制合理化了，就减少了潜意识里的冲突。

我接触过一个案例：一位女性，在结婚 9 年后，历尽艰辛地离了婚。

当年，她和前夫在实习时相识，她当时刚 20 岁。在某天午休时，前夫来到她的宿舍，对她进行了猥亵。在相对保守的年代，她害怕又无助，同时产生了极大的羞耻感。后来她和前夫恋爱结婚了。

听起来很荒唐，像一个“少女爱上强奸犯”的故事，但对于当时的她，一个不谙世事、无依无靠的女孩，将这件事“合理化”，可能是她能让自己减轻内心痛苦的唯一选择。

若干年后，她成长为一个成熟的女人，看清了这段婚姻的结合不是因为爱，这种防御让她逃避不爱的现实，只能在婚姻里更加痛苦。她便毅然选择离婚。

防御机制不只是情感隔离和合理化。在《心灵的面具：101 种心理防御》一书中就讲了各种不同的防御机制。

我们搞清楚自己的防御机制，特别是那些在潜意识里不被察觉的原始的防御，就能对自己有更多的了悟和释然，对他人有更多的理解与共情。

一个学生一上课就犯困，忍不住要睡觉，通常是他在防御学习带给他的焦虑。

一个父亲在孩子面前不苟言笑，可能他在用严厉来防御对孩子的爱。

一个人在面对灾难时表现得冷漠，或许他在用疏离来避免情感的冲击。

一个人总是特别正能量，特别正人君子，可能是他在防御内心的“坏”迸发出来。

一个人永远表现得非常独立，从来不靠任何人，可能是他在防御内心的脆弱和依赖。

一个人标榜自己无欲无求、淡泊名利，可能是他在防御自己对名利和欲望的渴望。

这些模式，不能单一地评价哪种好哪种不好，它都基于个体的自我水平。

真正健康的人格，既不过度防御，也不丧失防御，而是能在不同场合、不同情境、不同关系中，灵活地调取并使用适合的防御机制。

比如医护人员，需要在工作中使用情感隔离的防御机制。因为在医院这个特定的场所，他们时时刻刻都可能会面对生死，面对血淋淋的血肉之躯。如果不启动情感隔离，医生的情感和人格就会受到巨大冲击，就无法正常工作下去。

有时候，有的病人怨医生冷漠、不近人情，如果他能了解防御机制，或许就能理解医生。

但如果一个人在家庭中也使用情感隔离的防御机制，像上面提到的不苟言笑、一脸严厉的父亲，那让家庭成员感受到的就是冷漠，关系就会受伤。

将潜意识里的防御机制意识化，我们便有机会将它发展为更成熟、更高级的防御，让自己更好地生活。

纠结，是两个自己之间的冲突

网上有一个很流行的文案，主题是：这世上有两个我。

很多网友跟帖：

“这世上有两个我，一个举头望明月，一个俯地拾碎银。”

“这世上有两个我，一个长川照晚霞，一个油盐酱醋茶。”

“这世上有两个我，一个归星河，一个归烟火。”

“这世上有两个我，一个遁入空门，一个坠入红尘。”

……

每个人都有这样两个自己，如同人性里面有善与恶。矛盾，是人性中天然具有的底色。

矛盾本身不是关键。关键在于，两个自己能不能和平共处，协调互动。

一个自我功能良好的人，会将两个自己很好地平衡。

望明月的时候就畅快地望明月，拾碎银的时候就勤恳地拾碎银，这两个自我不冲突，不打架，他们能很好地各司其职，各自分工，两个自己都是自己的一部分，都是真实存在的，没有好坏优劣之分，这便是一个健康的人格。

而一个自我功能不够完善的人，两个自己之间就经常冲突打架，无法协调统一，和平共处，必须争个你死我活。

望明月的时候，拾碎银的那个我就跳出来指责：你搞这些附庸风雅有什么用？能当饭吃吗？

拾碎银的时候，望明月的那个我又冒出来抱怨：你没有精神追求，活得太粗鄙、太物质了！

当两个自己总在打架的时候，就会产生两股对抗的力量，一个往东，一个往西，我们在中间被拉扯着，最后哪边也去不了，耗在原地痛苦不堪，生命能量就被消耗了。

当能量被消耗，一个人也就没有心力再去面对具体的事，更无法去创造新的价值，这就是内耗让人痛苦的原因。

一个人来到这个世上，就必然会经历内心的冲突。没有人可以完全没有内在冲突地活着。

这种冲突有一个起源，即：俄狄浦斯冲突。

俄狄浦斯的故事出自古希腊神话。

俄狄浦斯的父亲是拉伊奥斯国王，母亲是王后。在他还在母亲肚子里时，宙斯发出预言，称这个孩子长大后会弑父娶母。

国王大惊，在他出生后便将他丢弃。

俄狄浦斯被一个牧羊人收养，然后将他送给了邻国国王。俄狄浦斯并不知道这对国王夫妇是自己的养父母。

当俄狄浦斯长大，听说了那个可怕的预言，为避免祸端，他出逃了。

在出逃的路上，他遇到了亲生父亲拉伊奥斯国王。但俄狄浦斯并不知道这是他的生父，狭路相逢，互不相让，他将拉伊奥斯国王杀了，并娶了他的王后，也就是自己的母亲。

当俄狄浦斯得知这是自己的亲生父母时，他无法接受自己弑父娶母的行为，为了惩罚自己，他刺瞎了自己的双眼，然后出走了。

俄狄浦斯冲突是一个人内心冲突的原型：孩子与爸爸、妈妈三个人之间的心理关系。它的核心内容，就是如何处理好这个三角关系中的矛盾。

俄狄浦斯冲突也隐喻了我们内心深处复杂情感的关系冲突，好与坏，爱与恨，欲望与诱惑，安全与不安，攻击与报复，胜利与内疚等。

在一个人的心理发展过程中，会经历一个俄狄浦斯期，心理学认为这个时期是在 3—6 岁。

在俄狄浦斯期，男孩潜意识里都会和爸爸争夺妈妈，女孩则会和妈妈争夺爸爸。

如果父母能理解俄狄浦斯期对孩子成长的重要性，给予孩子爱、接纳与抱持，孩子就能顺利地通过这个阶段，发展出比较健康的人格。健康人格的特点之一就是比较自洽，没有太多无谓的消耗，要做什么就痛痛快快去做，并为之负责。

如果未能顺利通过这个阶段，孩子就会在内心形成潜在的、持续的俄狄浦斯冲突。纠结、矛盾、自我拉扯，想去挑战又不敢超越，想要成功又担心失败，这也不行那也不行，都来自这个根源。

内在冲突不可避免，但有强度和范围的区分。

冲突弱、范围小的人，很少会纠结，更容易活得自洽。

但冲突强、范围广的人，容易在大大小小的事上纠结、拉扯。

大到人生选择，上班还是创业，结婚还是保持单身；小到买一条裙子，选蓝色还是红色，排骨要红烧还是要炖汤，都要纠结，都要拉扯，活成了矛盾型体质。

我在孩子两三岁的那几年里，经常感觉很疲惫。

晚上下班回家，什么都不想做，只想早点睡觉。

但躺在床上之后，孩子跑过来说：“妈妈陪我玩。”我瞬间就纠结了：我是妈妈，我应该陪伴孩子，他还那么小，他很需要我。

一边是很想睡觉，一边是应该陪娃。两个声音开始争斗。

那时候我妈妈在我家帮我带孩子，她通常会赶紧过来哄孩子，带他到客厅去玩，好让我早点休息。

但我心里承受着巨大的负罪感，根本睡不着。

最后就是既没能休息，又没能陪孩子，哪一样也没干成。

那几年，我经常因为这些状况而自我攻击。看着那些风风火火、永不知疲惫的超人妈妈，我开始质疑自己：

怎么人家都能做到呢？怎么人家就不累呢？为什么我这么差劲，连这么点事都做不好？

自我消耗加上自我攻击，很快就把能量消耗殆尽，让人陷入无力的状态，对自己产生深深的厌恶。

一位读者，她每周末都要去父母家吃一顿饭。每次去吃饭，父母都喜欢数落她，挑她毛病，指导她应该怎么做，这令她很不舒服。她很想和父母保持距离，一个月去吃一顿饭就好。但一想到父母快七十岁了，正在快速衰老，她又觉得自己应该多陪陪他们，多尽尽孝心。

很多时候我们心里都会出现一个“想要”和一个“应该”的声音：

“想要”说：我爬到食物链顶端，就要尽情享受美食！

“应该”说：我要自律、节制，掌控不了体重的人，就掌控不了人生。

“想要”说：人生得意须尽欢，我要喝最烈的酒，熬最爽的夜！

“应该”说：喝酒熬夜损害健康，成年人要对自己负责。

“想要”说：这个假期，我要来一场说走就走的旅行！

“应该”说：我上有老下有小，不能太任性。

于是，在我们看不见的内心世界，一场大战开始了。

在这种情况下，赢的那一方，往往也并不快乐。

几年前我刚开始打算健身的时候，每次都硬着头皮逼自己去，手机屏保也换成健身达人挥汗如雨的励志图片。

但每次去到健身房，我都度秒如年，不停地看表，希望时间过得快一点。

我的“应该”战胜了“想要”，但我在逼迫着自己做完运动之后，丝毫感觉不到别人说的多巴胺的快乐。每次走出健康房，我心头都会涌上巨大的委屈：我一手事业一手家庭已经很累了，为什么还要这么虐自己？

另一位朋友，是“想要”战胜了“应该”。她自己真的来了一场说走就走的旅行。

结果呢，她一路上总挂念孩子，频繁打电话问孩子吃得怎么样、睡得好不好、作业有没有完成。

人是去旅行了，但心一样累，玩得一点也不放松。

回来之后，她特别懊恼，生自己的气：早知道，还不如不去！

之所以会这样，是因为她的“超我”把这场旅行判定为“任性”“不负责任”，从而产生了强烈的内疚。为了给自己一些惩罚，就不能让自己玩得很痛快，非要搞出一些“牵挂”，让自己旅行的快乐打了折扣。这样她潜意识的内疚就会减轻一些。

看清了这个运作模式，她对自己的懊恼就放下了很多。

冲突让人不舒服。所以我们通常想的是，我要如何消除这个冲突，让自己不这么内耗。

但实际上，只要是人，冲突就在所难免，它不可能彻彻底底地被消除掉。

我们需要做的第一步，不是干掉它，而是真实地面对它。

看到它背后的东西是什么，看到两个声音后面隐藏的需要到底是什么。

这些冲突不是坏的东西，它恰恰是我们走进内心，诚实地面对自己，看到自我真实需求的开始。

如何停止内在的战争

冲突的原型是俄狄浦斯期三角关系的冲突，但我们已经成年了，成长历程不可逆，我们无法重新回到俄狄浦斯期，让父母重新养育我们一遍。

要怎么做，才能让我们在面对内在冲突时，更平和、更智慧地做出选择呢？

第一，诚实地面对自己。

前面提到的我几年前刚开始健身的经历，那种纠结让我非常痛苦，后来发展到我一想到今天要去健身，心情就一整天都不好。

我意识到这个问题已经影响到我的正常生活了。我健身的目标是让自己更健康。但事实上它会让我产生非常负面的情绪，我怎么可能变得更健康呢？

我静下心来问自己：真的想去健身吗？

我听到自己内心真实的声音：不想。我之所以办了健身卡，报了私教课，逼迫自己去，是因为我觉得人到中年，再不运动，就难以抵御衰老带来的机能下降。

我当然希望自己更健康一点，但我并不喜欢撸铁、跑步这种剧烈的运动，它给我带来的巨大的心理压力，让我难以承受。

当我诚实地面对自己时，我遵从了内心的声音，我把那张健身卡办了暂停，两个月之后，我开始在家里跟着视频练瑜伽。

这种转换，让我觉得舒服多了。我不必非要练出马甲线，不必非要练出超模一般的线条，我完全可以换一种更适合自己的运动方式，让自己保持健康。

第二，看到两个声音背后，各自的需求。

两个自我打架，争斗，他们背后，都有各自的动机和需求。

动机和需求，不分好坏，即使看上去这个需求是一个负面行为，背后也依然有正面的动机。

比如，一个人总想喝酒、熬夜。

如果只是单一地评价这种行为，那它肯定是不好的。但这种行为背后，真正的需求是什么呢？

喝酒可能是他目前唯一能让自己放松下来的方式。他太紧绷了，再继续绷下去，可能迟早有一天会绷断，会垮掉，他需要借助酒精给自己一个松弛下来的机会。

而熬夜，可能是他唯一能拥有的完全属于自己的时刻。他太渴望、太需要这段自由的、不被打扰的时间了，只有在那段时间里，他才能完整地跟自己待在一起。

行为可能是负面的，但动机仍然是正向的。

看到这份正向的动机，我们就理解了自己真实的需求。我们就给了自己一个新的机会，去思考如何能用正向的行为和方式，去满足这些需求。

第三，创造一个接纳与抱持的内在空间，接受两股力量、两种声音、两个自我同时存在，同时安放。

如果，我们认为两个自我、两种声音中只能有一个是对的，一个是错的，那它们必然无法和平共处，一定要斗个“你死我活”。

我们需要做的，是以中正的能量，允许这两方都存在。它们不是对立的，只是一体两面。

很多时候我们无法做出选择。因为我们总想做一个绝对正确的选择，确保一个一定满意的结果。我们把这个“正确”看得太重要了，因为太害怕失望，我们的人格承担不起那份失望，于是产生恐惧。恐惧令人退缩。

如果我们能将意识扩大到，这世上并没有绝对正确的决定，宇宙的一切都在变化之中，确定性和不确定性，只是相对的存在，我们就会感受到放松，感受到与内心的连接。

我可以强大，也可以脆弱，它们都是真实的我。

我可以前行，也可以停下，这些都是我的需求。

我可以快乐，也可以痛苦，都是属于我的体验。

我可以勇敢，也可以胆怯，它们没有好坏的区别。

我可以勤奋，也可以懒惰，它们都在帮助我。

当冲突对立的双方，被整合到一个更大的自我整体中，就像鲁米那首著名的诗：

在是非对错之外，有一片田野。

我在那里等你。

当我们找到了那片是非对错之外的田野，我们就建立了一个完整的自我。

这个自我更能正视内心的价值排序，厘清哪些是当下真正重要、真正需要的，去做忠于内心的选择。

这个自我更有力量承担选择的结果。我选了，就去做。我做了，就接受。这样的自我也会更加灵活，会指引我们保持人生的“动态平衡”，而不再纠结于一时一刻，是该陪孩子还是该去上班，是该奋斗还是该休息。

体验下来我们会发现，原来我们内心对两个声音都是欢迎的。原来对抗的东西，不再对抗了，原来让人痛苦的体验，也不再痛苦了。

这场自己与自己的战争，终于可以平息，走向和平。

“不优秀，不配活”的魔咒，怎么破？

我在38岁之前，算得上是一个很能干、很高效的人。

工作中，领导对我的评价是：思路清晰，行动力强，干脆利落。

我每天列任务清单，早上制订计划，晚上要复盘；

我聚焦目标，明确行动，一切为KPI服务；

我最大化地利用时间，多项任务齐头并进，高效产出，还将经验做成了一个《高效时间管理》的课程。

我对自己有着严格的要求：

加班到深夜，无论多累，早上闹钟一响咬牙就起。

公司应酬，前一晚吐得昏天暗地，次日必定准点出现在办公室。

出差前感冒发烧，挂个吊瓶，拔了针直接拖上行李箱奔向机场。

34岁之后，开始一边上班一边做公众号。

白天工作，晚上写稿。

出书，做课程，周末各地签售。

以前看媒体报道章子怡拍《卧虎藏龙》时削掉了指甲，把手指往雪里插一会儿，然后继续拍。

我真觉得没什么。

自己拼命工作那股劲头，一点儿也不输她。

一直到38岁，我辞职，和朋友合租做工作室，成为职业写作者。

我获得了令很多人羡慕的自由，但我始终保持着和上班一样严格规律的工作状态：

早上八点到工作室，打扫卫生，然后开始工作。

傍晚五点半下班，列好第二天的计划，离开工作室。

那年暑假，有一天儿子说："妈妈你能不能在家陪我？"

我想都没想，脱口而出："妈妈要上班呀！"

他说："你不是都自己当老板了吗？怎么还要上班？"

我被他问得怔了一下。

那一刻我才意识到，我早就已经不需要打卡了，也没有什么严格的工作时间限定我，而且这份以写作为主的工作，在哪里都可以做，我为什么非要让自己像个陀螺，严丝合缝地运行在轨道上？

我开始从这个问题去觉知。

我发现，自己在很多年里，一直是高度紧绷的，甚至在睡觉的时候，我的肌肉是紧缩、锁结的。

我不允许自己停下来，如果让我拿出一天无所事事地吃吃喝喝，看看电视，我会隐隐感觉这很堕落，虚度时光。

我意识到，我可能很多年一直活在焦虑、不会放松的状态里，这种状态已经成了我的常态，以至于我完全意识不到。

后来我专门去和我的心理咨询师探讨了这一点。

她问我：如果停下来，会是什么感觉？

我感受了一下，应该是心慌、担忧、惴惴不安。

她继续问我：担忧的是什么？

我说不清楚，总之是关于未来——事业和团队要如何发展，辞掉了固定工作还能不能赚到钱，自媒体这个行业的红利期能维持多久，我能不能保持持续的、有质量的输出……

这些担忧和焦虑，让我完全不敢停下来。

"不进则退"，仿佛是被刻进骨子里的座右铭。我只有不停地拿着无形的小鞭子抽打着自己，不停地向前走。

我对咨询师说：我一旦停下来，要去放松和享受，似乎背后就有一双严厉的眼睛盯着我，告诉我，你又在偷懒了。

咨询师让我闭上眼睛感觉一下，那是谁的眼睛。

过了几分钟，我告诉她：是我妈。

回溯我的成长历程，我似乎没有从我妈那里得到过无条件的爱。

我小时候长得丑，又胆小爱哭，怕见人，她经常觉得带我出去很丢脸。

上学之后，我的学习成绩还不错，每次只有拿到很出彩的考试成绩时，我妈脸上严厉的表情才会温和一点点。

少女时代，我每个假期都会包揽家务，洗衣服，擦地，打水，打扫院子，拆洗床单、被罩、窗帘。那时候没有洗衣机，全部都是自己打水，泡在大塑料盆里，用搓衣板一点一点搓洗。

我承担的家务量，远远超过同龄的孩子。亲戚邻居夸我能干，我妈只会不以为然地说一句："这么大的人了，干这点活儿不算啥。"

我对这种话早已习以为常。表扬是奢望，不批评，就已经相当于表扬了。

在我记忆中，我妈只要对我不满意，或者认为我做错了什么，都不用说话，只要拿眼一瞪我，我就明白了，就得赶紧改正。

三十多年之后，即使她已经去世了，但那双眼睛始终留在我背后。

每一个不能放松、不能享乐、拼命驱赶着自己向前冲的人，潜意识里都有一个来自超我的"不优秀，不配活"的声音。

超我像一个驻守在内心里的监工，时时刻刻都在提醒我：人生如逆水行舟，不进则退。

不能退，就只能进。停下来就是耻辱。

这个超我，是生命早期的父母。他内化到心里，成为一个人的超我。

不是所有人的超我都如此严厉。如果一个人在生命早期，被父母以温和的、抱持的方式对待，给予他足够的爱与接纳，即使在他犯错时，也以宽容耐心的方式告诉他应该怎么做，这样的父母，就会内化成为一个温和的超我。

拥有温和超我的人，一样对自己有要求，有管束，但也懂得如何善待自己，宽容他人。

超我是一个人的“内在父母”。成年后，我们可能离开现实中的父母远走高飞了，可能已经很少见面了，甚至，父母可能已经不在人世了，但“内在父母”会始终都在，那双眼睛始终在凝视着自己，永不瞑目。

在我人生的前三十几年里，我并没有真正的自信，尽管取得了一些在外人眼中光鲜的成就，但我在若干年里，都不相信我可以仅仅是因为我本身而被爱，也不确定如果去掉这些外在的成就，我是否依旧有自我价值。

所以我总是很拼，不敢松懈，害怕掉队。

即使如此，我也经常对自己不满意，觉得自己不如某某努力，不如谁谁优秀，我总是习惯性地用别人的长处，来对比自己的短板，得出的结论永远是自己不如别人。

意识到这些的时候，我突然有点悲从中来。但同时又有点庆幸，因为我感觉到，有些什么东西，像冰山一样开始消融。

我知道我需要重新成为自己的“内在父母”，用我当下的资源和能力，去爱自己，肯定自己，欣赏自己。

任何时候，我都拥有放松和停下来的权利。

我从日常生活开始，开始改变自己的习惯。

吃饭时拿走手机，不再一边吃饭一边处理工作。

不再在晚上写稿。因为太容易把大脑写兴奋，导致入睡困难。

也不再鞭策自己向励志达人学习早上五点起床。那种模式只适合“晨型人”，但不适合我。

我也不逼迫自己天天健身，我底子弱，经不起大强度消耗，根据身体情况安排就好。

朋友圈里那些日日奋战、精力无限、年入百万的年轻博主，我也不看了。

以前经常被他们刺激，时不时地以“后浪”为榜样，给自己“打鸡血”。

现在我很清楚，别人常态化的夜以继日、废寝忘食、通宵达旦，我做不到。

谁拿了融资，我遥遥祝福。

谁的公司上市，我真心点赞。

谁需要帮助，我竭尽全力。

但我不再把任何人的奋斗模板套在自己身上。

“不逼自己一把，你都不知道自己有多优秀。”这种励志鸡汤，我不再硬灌了。

我终于放过了自己。

放过，不是放弃。我仍有自己的小目标。坚持热爱，精进专业，持续学习。

只是，我所有的努力，都会限定在自己可承受的范围之内。不再因为他人而干扰节奏。不再因为不如谁而攻击自己。

别人再优秀，那是别人的事。

一朵花，一棵树，一株草，都有它自己的时节。

跟随本心，信任身体。向内生发，踏实做事。

由心的努力，不是内卷出来的，不是被朋友圈比较出来的，不是被营销号刺激出来的。它是从容的，是没有捆绑和裹挟的。

不优秀、不完美的人，也一样能酣畅地活着，活出气象万千、畅快淋漓的人生。

为何总是事与愿违？

第一个故事的主人公是 42 岁的苏姐，半年前遭遇婚姻危机。

剧情比较老套：丈夫在一次出差过程中与异地女客户出轨。丈夫诚心悔过，坦白从宽，当着苏姐的面，删除所有联系方式，保证断得一干二净。

丈夫的态度和行动，苏姐是认可的。她心里愿意再给丈夫一次机会，把关系重新修复。

但她总是控制不住旧账重提。

吃饭时，丈夫随口说一句“菜咸了”，她当场摔筷子：“有本事让外面的狐狸精给你做！”

睡觉前，她一想起那件事，就要把丈夫从被窝里拎出来，逼着他一遍遍交代细节：喝了多少酒，去了哪家酒店……

有时当着孩子的面，她也忍不住含沙射影、冷嘲热讽。

丈夫一忍再忍，终日小心翼翼，大气不敢出。

有朋友劝苏姐，既然还想继续过，就适可而止。苏姐不甘：“他办出不要脸的事，就得受罚，就得赎罪！”

几个月之后，丈夫提出了离婚。苏姐崩溃，大骂他是负心汉。

苏姐的丈夫对我说：“太痛苦了，我犯了错甘愿受罚，可我真的已经和那个人断了联系，她这么没完没了地闹，简直是无期徒刑。我也想好好过，但实在坚持不住了。”

苏姐哭诉：“我就是还打算过，才给他这个机会的，没想到他这么不识好歹！”

雨晴是第二个故事的主人公，在结婚的时候和丈夫约定她来管家，婚后两个人的工资都交到她这里，由她统一做家庭生活支出。她信奉老家的一句老话：女人管家，越管越发。让妻子管钱的家庭，日子都能越过越好。

刚结婚的时候，丈夫很配合，直接把工资卡交到她手里。

后来，丈夫的工作因为经常出差，涉及预借公款、报销等，都要用到工资卡，于是就收了回去。

雨晴总担心老公背着她存私房钱，每个月都要求老公出示工资单，每到年节，还要盘问他有没有过节费、其他补贴等，时间一长，丈夫被搞得心烦，没好气地说：就这么多，你爱信不信。

后来，雨晴发展到私下去向老公的同事打听：公司有没有发半年奖金，有没有额外补助，年终奖按什么标准评定。

丈夫被彻底激怒，他觉得妻子的做法让他在公司丢尽了面子，他告诉她，从此工资不交了，各花各的，能过就过，不过就离。

雨晴听后既愤怒又委屈：“我管钱，还不是为了好好过日子吗？工薪阶层，不精打细算，能攒下多少积蓄？我一片苦心被当成驴肝肺，男人真是没良心！”

第三个故事是全职妈妈小慧的，她原本是某大型企业的中层，在孩子上小学四年级时，她辞掉工作，当起了全职妈妈。

辞职的原因是，小慧发现儿子的数学有点跟不上。小慧很重视学习，她自己的学生时代，成绩名列前茅，高考考入名牌大学，从家乡小镇来到了省会城市，在这里工作，安家。她是靠学习改变了人生的典范。

为了帮助孩子学习，小慧请教了多位老师和教育专家，得出的结论是：小学四五年级是数学的分水岭，一旦落下，就无法形成逻辑系统化思维，会影响后面的初中学习。小慧决定给儿子抓紧补习。

她先是亲自辅导，给儿子讲题，分析题型，做配套练习。一段时间之后，儿子越来越排斥，小慧改为聘请数学家教，每周末给儿子一对一辅导。

小慧非常用心，每周和学校老师交流孩子的学习情况，周末再和家教沟通，查漏补缺，对弱项学科进行重点补习。

一个学期下来，孩子的数学成绩不但没有提升，反倒越来越差，期末考试成绩直接降到了及格线以下。

为什么她们总是事与愿违？

为什么明明想往好的方向发展，却偏偏收获坏的结果？

很多时候，我们的意识和潜意识是相反的。如果看不清潜意识在运作什么，我们仅仅靠意识层面的意愿，往往达不到期待的结果。

第一个故事中，苏姐得知了丈夫出轨之后，关系受到重创，信任的修复需要时间。

在这个过程里，苏姐的敏感和多疑都是正常反应。

但她有一个潜在的逻辑：你犯了错，就罪该万死。只有经得住我的折磨，才配得到我的原谅。如果经受不住，就不是真心改过。

于是她对于这件事不自知地选择了发泄情绪加上挑战底线两种方式，双管齐下，乱棍打死。

在一段经历过出轨的婚姻里，要从道德层面谴责这个男人很容易，但如果从心理层面分析，得到的就远不止这些。

从意识层面看，苏姐是丈夫出轨这一事件的受害者。但从潜意识层面看，苏姐也是“受益者”。她因此占领了道德高地，可以肆意地凌驾于这个男人之上，贬损他，羞辱他，他稍有反抗，她就重翻旧账，揭他老底。

出轨，成了她手里的筹码和利器，只要她一亮出来，男人就内疚，就忏悔，就乖乖投降。屡试不爽。

但是，没有人愿意长期活在愧疚之中。哪怕他是过错方，也不愿永远面对这种暗无天日的精神折磨。

苏姐想要好好过日子，但在无觉知的状态里，将结果推向了反面。

如果能看清潜意识做的局，就可以跳出来，停止继续用原来的方式“获益”，而是坦诚地与丈夫沟通，告诉他需要他做哪些事，用哪些具体的方式，有助于关系更好地修复。

第二个故事中，一心想要管钱的雨晴，没有觉察到她内心可能有很大的匮乏。

匮乏令她不信任，不信任就会想要抓住，想去控制。

这个控制欲，被她用“女人管家，越管越发”进行了合理化。

妻子管钱，这件事本身并没有问题。但一个过度抓取的妻子，会让丈夫紧张和抗拒。

雨晴对丈夫在财务上的不信任，本质上是对亲密关系的不信任，也是对自己的不信任。她穷尽各种方法，想找到丈夫留私房钱的蛛丝马迹，以证明她的不信任是准确的。

最终，丈夫不再交回工资，验证了雨晴的潜意识里的想法：被我猜中了，你根本就不想让我管钱，你根本和我就不是一条心。

内心缺爱、不信任爱的人，往往都会用这套操作验证自己潜意识里的逻辑：男人都是不可信的，你看，被我一检验，果然就露出真面目了。

第三个故事中的妈妈小慧，被巨大的全能自恋驱使，她的潜意识里认为，孩子数学不好，是因为我没出马。只要我一出马，这个问题马上会得到解决。

面对孩子，她并没有一个清晰的边界。辅导功课、请家教、找老师沟通，看似都是在做为孩子好的事，但边界的模糊，让孩子感觉即将被吞噬。孩子原本可以靠自己发展出解决学习问题的能力，但妈妈的过度入侵，让他丧失了对学习的主体感。

越学越糟，越学越不会，并不是孩子有意识的行为，只是他的潜意识在用这种方式抵御妈妈的过度入侵。

对于小慧，更重要的也许并不是紧盯孩子的数学，而是发展自己的自我，拥有信任孩子的力量，对孩子抱有积极的期待，在孩子提出需要时再给予支持和帮助。

心理学中的罗森塔尔效应，就是指积极的期待对一个人的生命会产生正向影响。

但心理学中还有一个观点是，对他人降低期待。

那到底该不该对孩子抱有期待呢?

关键在于，这个期待，它的内核是信任。你信任这个孩子是好的，即使他现在还不够好，你仍然相信他会好，这个就是积极的期待。

如果，你的期待只是想让孩子变成你想要的样子，只是为了让孩子满足你，那这个期待就会变成枷锁，让孩子痛苦。

有一句话叫“如果事与愿违，请相信上天另有安排”。

我更愿意这样理解：如果事与愿违，我们可能只是盲目地重复本能的模式，并没有意识到更深层的、最真实的需求。

如果我们启动对自我的觉察，跳出循环的陷阱，就启动了不一样的可能性。这个安排不是上天给的，是自己给自己的。

如何面对人格虚弱的父母

网上有一段视频：因儿子违反规定带手机上学，一位父亲为了教育儿子，拿出一根藤条，自己蹲在地上，要求儿子打自己，声称“子不教，父之过”。

十几岁的孩子哭着不肯打，父亲抢过藤条，一下下抽打自己的后背，边打边说：“我的错，我没教好我的儿子，我的错！我的错！我的错！”

然后问儿子：“满意了没有？”

孩子站在一旁泣不成声。

父亲又说：“爸爸这么用心教你，你却让爸爸失望……爸爸这次替你承受惩罚，下一次全打在你身上，你给我好好地记住……”

这段视频获赞无数，赫然写着：“为父亲的教育方式点赞。”

这有什么值得点赞的？

当父母人格虚弱，他们没有能力直面问题，没有能力调整家庭的教养模式，不能站在平等尊重的位置上与孩子探讨问题的时候，就会采用一些极端方式，哭泣、骂自己、打自己，甚至寻死觅活，让孩子产生愧疚感，以此来胁迫孩子改变。

视频中的父亲，看似在承担自己的罪责，一遍遍喊着“我的错”，实际上，他这么做只是为了让儿子认错。

不停抽泣的孩子，面对这一幕，内心承受着巨大的痛苦。父亲的目的是让孩子愧疚，目的达到了，孩子就会认错改变。可他不知道的是，愧疚的背后，是羞耻感。而羞耻感，是所有负向能量里最重的。

多少父母，自己有病，却逼着孩子吃药。

“有病”的父母，都是带着深深创伤的人。

他们不懂得如何去修复创伤，不懂得如何成长自己，甚至压根看不见“创伤”的存在——“我没有问题，都是孩子不好。”

我们的学员里，有人讲述了自己的亲身经历：

学员 A，32 岁，全职妈妈。当初生完宝宝之后，她希望能继续工作，只能请妈妈和婆婆轮流帮忙带孩子。

妈妈天天数落她：

“养你有什么用，我一把年纪还得帮你带孩子！”

“你就是这么孝敬我们的？”

“你看人家某某她妈，天天打麻将享清福，谁像你！”

她几乎被骂到抑郁，最后只好辞职自己带娃。妈妈的话锋又变成：

“养你有什么用，只会在家带孩子！”

“供你上大学都白上了！”

“没出息，除了生个孩子还会干啥！”

妈妈住院半个月，她衣不解带地照顾，还是被骂：

“连工作都没有，拿什么照顾父母？”

老两口半夜吵架，妈妈也给她打电话：

“亲爹妈打仗都不知道过来劝劝，不孝顺！”

每次接到妈妈的电话，32 岁的她都本能地打寒战。

学员 B，28 岁，单身。她谈过 3 次恋爱，皆被妈妈拆散。

第一个是旧日同窗，妈妈嫌他是外地人。

第二个是保险销售员，妈妈嫌他工作不稳定、不体面。

第三个是事业单位 IT 男，妈妈又嫌他死工资赚钱少。

她每次要去约会，都会被妈妈以各种理由限制，要么在家装病，要么就中途打电话，说自己心脏不舒服。

跟第三个对象分手几个月后，妈妈又数落：“上次那个事业单位的挺好的，都怪你不珍惜！”她快被逼疯了，提出想搬出去自己租房住，妈妈又开启一哭二闹三上吊模式：

“你这翅膀刚硬了，就打算不要我了！”

“把你养这么大，养了个白眼狼！”

“人老了就是遭人嫌弃啊，后半辈子我还能指望谁……”

这两位学员在课程里，问了同样的问题——

“就算嫁错了男人，婚姻再不幸，至少还能离婚，还能换。可有这样的父母，我能怎么办？”

对她们来说，这是一份更大的、无法言说的痛苦。因为那个人，是她们的生身父母，是给予她们生命的人。

她们很难去恨父母，也无法去爱他们。最后，只能自己煎熬，自我撕扯。

每一个孩子，生来都自带爱父母的本能。如果父母活得不幸，孩子的潜意识就会归罪于自己——都是我不好，我无能。即使在他们成年之后，仍会被这种根深蒂固的意识影响。

父母恰恰很擅长抓住这一点。任何问题，他们都可以嫁祸给孩子——“还不是为了你！”

各种折腾，制造愧疚，捆绑。

他们无一例外，都是人格极其弱小、自我极其脆弱的人，他们有着巨大的自恋，如果承认自己错了，这份自恋被打破，他们弱小的人格将无法承受，自我面临破碎。

把所有的错都转嫁给孩子，才能把“我没有错”的自恋维持下去。

如何面对人格虚弱的父母，有几点可以尝试去做：

1. 尊重自己的感受

允许自己对父母有恨，有不满。不因这些感受而愧疚和自责。不压抑自己的感受，就会减少很多自我攻击。停止自我攻击的人，才有力量去成长自己。

2. 看清事实：父母只是有创伤的普通人

他们的问题，可能来源于他们的父母。他们这样对你，是他们的成长经历、环境、背景所带来的局限，不是你的错。

3. 明晰自我边界，不替父母承担人生

父母如何生活，是他们自己的选择，只能由他们自己去承担选择的结果。

生命中他们不能满足自己的那些部分，不需要你牺牲自己去满足他们。

4. 把生命和生活，作为两个部分对待

生命，是父母给予的。对于这一点，请你承认并接纳。无论父母再糟糕，都接受他们给予你生命这个事实。

而生活，是自己创造的。你有权利选择自己的生活，也有能力对自己的选择全权负责。

将生命和生活区别对待，坦然面对生命的来处，但坚定地过自己的生活。

5. 接受专业人士的支持和帮助

如果创伤巨大，需要寻求专业心理咨询师的帮助。

与原生家庭和解，最终目的不是百分百原谅父母的过错，而是与自己和解。处理好与自己的关系，是一切幸福的根源。

为人子女，为人父母，都是一场修行。

不是人人都有幸拥有一个美满的原生家庭和有爱的父母。

成长，就是用新的经验，取代旧的经验。新的经验，来源于新的关系。

值得庆幸的是，无论生于什么样的家庭，我们都有机会，在父母之外，去发展新的客体关系。

去发展志同道合的朋友，去寻找滋养心灵的伴侣，去投入创造价值的工作，在这个过程中，我们得以重新学会自爱以及爱人。

当有一天，我们自己成为父母，曾经经历的一切便可以不再在孩子身上重演，所谓的宿命，终于在我们这里终止轮回。

成熟，就是能接纳更多不同

《金婚》是我非常喜欢的一部电视剧。

我在年轻时，不喜欢剧中的庄嫂淑贞。她没什么文化，大大咧咧，还喜欢八卦，对文艺的文丽，暗藏着隐隐的嫉妒。

许多年之后重看这部剧，我发现庄嫂其实是一个很了不起的女性。

她的出身是农村的童养媳。嫁给大庄，是她这辈子的宿命。她认命，所以她在婚姻里反而活得笃定明确，她一辈子就认定了这一个男人，生是他的人，死是他的鬼，面对大庄的拈花惹草，她生气归生气，却从来没有像文丽那样在“离与不离”之间纠结。

她虽然出身低微，但在婚姻和生活中是有成长的。

结婚初期，她心甘情愿地伺候男人，当使唤丫头。大庄要洗脚，她就去打水。大庄要喝酒，她就去炒菜。她从内心深处认可“女人就该伺候老爷们”的观念。

生了儿子之后，她母凭子贵，开始翻盘。从挺胸抬头，到发号施令，再到说一不二，她最终，用自己的彪悍，夺回了家中的话语权。

她身强体健，吃苦耐劳，虽然没有文化，却能将日子过得风生水起。困难时期，佟志家天天白水煮面条，她家却能吃上肉。

她有着底层劳动妇女特有的泼辣、强悍，自带一股野蛮生长的劲儿。不矫情、不清高，只要能得实惠，别的都无所谓。别人家有的，他们家也有。别人家没有的，她也能搞到手。

文丽怀孕期间，营养不良，饭都吃不上。她能变戏法儿一样给文丽变出黄豆炖猪蹄。

单位分房，她去厂里一哭二闹三上吊，硬生生换到了一套大房子。

用她自己的话说，就是："脸皮厚，吃个够。脸皮薄，吃不着。"

她用自己的要强和能干，撑起了一个家。虽未大富大贵，却从未缺吃少穿。

更难得的是，她自己没上过学，但认可教育的重要性。生了儿子之后，她对大庄说，想多生几个孩子，让他们都上大学。后来，虽然她没能再生孩子，但确实将儿子教育得很好。

庄嫂这个人，优点很突出，快人快语、古道热肠；缺点也很明显，市侩、八卦、算计、口无遮拦。

文丽对她说的心事，两人一闹矛盾，她转头就变大喇叭说了出去。她就像我们身边某个亲戚，邻居，七姑八姨，不完美，但很真实。

庄嫂人格中最大的超越，是她突破了自身经历的重男轻女。

她喜欢女孩，重视女孩，虽然自己没有女儿，但将文丽的女儿燕妮认作干闺女，疼爱呵护。燕妮月经初潮，找不到文丽，她亲自去教、去照顾，然后斥责佟志、文丽："女儿能跟儿子一样吗？养女儿就得精细着点！"

也许，因为她自己出身低微；也许，因为她幼年寄人篱下，她非常希望女孩能被如金如玉般对待，好好养育。这也许，是她对自己的一种补偿。

她的前半生，不曾被善待过。大庄的风流事，她不是不闹心。她表现得越生猛野蛮，内心就越无奈脆弱。

张爱玲说：因为懂得，所以慈悲。

直到中年我才看懂了这个角色的丰富多面。

《金婚》的主线是婚姻，但文丽与庄嫂的女性友情，也贯穿始终。

年轻时的文丽，心高气傲，从骨子里看不上农村出身的庄嫂。而庄嫂也看不上中看不中用的文丽。

两个人的半生，暗暗较劲，攀比，互掐。又有很多时候，互助，扶持。

文丽是有些羡慕庄嫂的，因为她有本事得到自己想要的。可对她那些“豁得出去”的做法，文丽又嗤之以鼻。

庄嫂对文丽也是羡慕的，羡慕她形象好、气质佳、有文化，老公知冷知热、体贴顾家。

这种微妙复杂的感情，贯穿了她们相处的大半生。

直到晚年，庄嫂和文丽，成为真正的好友。

庄嫂住院，文丽拉着她的手，焦急关切。出院后的庄嫂偏瘫，文丽搀着她做康复，挪步，无微不至。两个人坐在路边的长凳上，头发斑白、嘴歪面斜的庄嫂看着文丽说：“没想到，老了老了，咱俩倒成好朋友了。”

这让我想起了作家黄佟佟写的那句：“女人真正的相知一般要等到中年后，因为那时她们才会发现，无论你曾经多么美，多么有名，多么有钱，男人绝对不是最后的归宿。大家必须相互扶持，面对共同的命运——孤独。”

两个女人，各自经历了生活的磨砺与洗礼。她们的自我都得到了扩容，长出了与原本完全不同的部分。晚年的庄嫂变得敢作、敢闹，对大庄任性发脾气，而文丽，也接受了生活的不堪和龃龉，变得质朴。

她们身上都有了彼此的影子。

曾经粗犷或精致，高雅或世俗，她们都在婚姻中殊途同归。

这是两个女人的成长曲。

我们曾经排斥的、抗拒的，或许在山重水复、柳暗花明之后，成了令我们欣赏的、敬佩的。

这是人格的成熟，我们终于能理解，一个人是如何承载着无数过去，成了现在的样子。

是我们跋山涉水之后，终于可以放下固有的评判，去尊重每个生命个体的不同。

是我们终于在越过山丘之后，对他人和世事，有了慈悲与悯恤。

《桃心话》专栏问答

讲述一：

我今年36岁，老公38岁，结婚9年，感情一直不错，生活过得也挺好。我老公是个脾气温和、性格斯文的人，但最近一两年我发现，他像进了叛逆期似的，越来越冲动、任性。比如，开车的时候容易斗气，别的车稍微别了一下，他一定要加油门冲到前面“别回来”，要么就开窗骂对方，恨不得停车单挑的架势。以前只是偶尔喝酒，现在每周都会喝，还有一次为了酒后找代驾差点跟人打起来。

我心平气和地跟他谈过，他不觉得这有什么问题，我觉得他很幼稚。因为这些事，闹得我总是提心吊胆，比如，他晚上出去喝酒晚回家，我就担心他会不会跟人打架，忍不住给他打电话。坐他的车我也会紧张，总劝他慢点开。婆婆也很纳闷儿，说他从小一直很乖，没想到快40岁了反倒越来越不省心。这算中年叛逆吗？我该怎么做，该怎么劝他呢……

回复：

我一位做心理咨询的朋友说，她现在经常劝身边的单身姑娘：找对象，一定要了解对方的青春期是怎么过的，有没有叛逆期。如果青春期一点都没有叛逆的人，那一定得慎重。

这个事儿，其实也不全是开玩笑，它是有依据的。

一个孩子为什么容易在青春期叛逆，因为这是他从一个孩子走向成人的过渡，内心世界与现实世界在碰撞，价值观在整合。

更重要的是，他有一项重要的使命要完成，那就是——做自己。所以，你去看看那些青春期的少年，个个主意大得很，谁的话都不听。

从心理成长的角度说，这是件好事。只有走过了这个过程，释放了那些情绪，打碎了原有的自己，挑战了父母的权威，这个孩子，才真正开始走向了他的世界。

所以，青春期的叛逆，对一个人的一生有着重大意义。

为什么说找伴侣，要找经历了青春叛逆期的？因为他在他的原生家庭里，完成了这一过程，就不必在长大成人之后再折腾。

家里有娃正经历青春期的父母都知道：越是那些从前听话温顺的乖小孩，往往叛逆得越厉害。但如果一个孩子，从小到大一直温顺，听话，从未经历过这一过程，那意味着，他的自我受到严重的压抑。这种压抑，必然会在他成年后的某个阶段，某个节点，借由某些事件爆发出来。但遗憾的是，这个代价，却往往要由他的伴侣和新生家庭来承担。

这两年很流行“中年叛逆”这个词。实际上，大多数人并不是心理意义上真正的叛逆，只不过是中年人压力过大，给自己找些借口释放情绪罢了。但有一部分人，是真正的“迟到的叛逆”，有人称之为“后青春期”。这样的人，从幼儿到孩童，从少年到青年，通常都活在父母（重要抚养人）的严格管束和要求下，从未有机会做真正的自己。他们的父母，要么十分严苛，不近人情；要么过度溺爱，情感绑架。这种养育，让孩子无法在父母面前真实地展现自我，表达自我，也无法真正地发展自我。

所以他们一直是个“乖孩子”。听话，温和，看上去很省心。但实际上，这只是他们压抑自我的结果。而他们的父母不懂，甚至引以为傲：“我家孩子就没有青春期叛逆，可听话了，一点也不用操心！”他们不明白：一个孩子在青春期叛逆，代价是小的；而在成年之后的叛逆，代价恐怕更大。

你觉得你的伴侣幼稚，这种感受是真实的。因为他退回了一个青春期叛逆的孩子。曾经他按部就班地上学、毕业、结婚、成家。这么多年，他或许从来都没有忤逆过他的妈妈，没有挑战过他的原生家庭。但现在他 38 岁了，他不想再乖下去了。

他的叛逆不是故意针对你的。这世上所有雄性生物，骨子里都流淌着一种本能叫“战斗”。他少年时代没喝过的酒，没约过的架，现在都跃跃欲试，想补偿自己。

这种生活对你来说，并不容易。因为这本是他父母该承担的，因为迟来，要为此兜底的人却变成了你——他的妻子。

你需要知道，他的叛逆，本质上是在挑战内心的父母。而你管他，劝他，约束他，本质上是继承了他妈妈的角色。对他来说，这份熟悉的感觉又回来了，所以你越管，他越要干。他把内在那个“坏妈妈”投射给了你，就要不断地挑战你，挣脱你。越让你担心，他越有潜在的快感。

你看透了这个“内在游戏”，就清楚自己该怎么做了。

讲述二：

我们结婚13年了，南北结合，他到我所在的城市安家。婚后开始创业，他负责业务，我负责店面所有事情。赚了一点小钱，但也牺牲了很多。没有节假日，平时休息时间很少，每年只有过年才能放松十来天。因为生意上的一些分歧或者我工作压力大时我们会吵架，吵完他就冷暴力，从不主动哄我。他关心客户和朋友比关心我还多，我们现在的关系不像夫妻，更像合伙人，一起合伙赚钱，合伙养孩子，感情交流很少。我早已厌倦了这种生活，不想和他这样过下去了，可是人到中年，辛苦打拼的事业实在不舍得丢下，我和他任何一个人离开，生意都做不下去，很讨厌这种被迫捆绑的感觉。

我该怎么改变现状？是我太贪心吗？可是我真的一点都不开心，钱是在我手上，但我没时间享受，房子和车都是身外之物，我的生活质量还不如一个月薪几千的普通人。挣钱是为了生活得更幸福，我不知道我这样辛苦挣钱是为了什么？

回复：

对很多中年夫妻来说，事业是个奔头，同时，事业也是个借口。

因为太忙，所以少了亲密。因为太累，所以不必交流。因为分歧，所以对彼此都不满意。

夫妻间某种模式的形成，不是一朝一夕，它是长期作用的结果 。

行至中年，那些压抑的问题，成为化脓的疥疮，一触即破。

我见过无数婚姻，没有狗血的情节，没有致命的伤害，可就在年复一年、日复一日的消磨里，渐行渐远，走向消亡。

这是无数中年夫妻的写照。那些冷淡，那些疏离，那些无话可说、心如死灰，像一头房间里的大象，明明触目惊心，又被视而不见。

可还是得说一句实话——这些问题，并不能甩锅给你的老公。

你觉得生活毫无意义。赚钱有什么用？结婚有什么用？拼事业有什么用？营营役役十几年，回望竟如大梦一场，不知活着为了什么。

你被巨大的焦虑笼罩，无法活在当下。

焦虑的人停不下，因为始终活在未来里，为未来的事发愁，为没发生的事担忧。

赚钱越多越不安，拥有的越多越脆弱，你无法看到和享受自己当下拥有的生活。

同样，你也无法理解，你的丈夫，和你承受着同样的压力，也拥有着一样的脆弱。

我想，可能你需要多关照一下自己，拿出一点时间，去做一些滋养自己的事。

你们的婚姻，也需要多创造一些独处的机会。婚姻比生意合伙人更高阶的地方在于，它除了分工协作之外，还有情感的流动，身体的亲密，更深处的共情。

或者你们可以尝试着做一个约定，回家之后不谈工作，只谈生活；每天睡前拿出固定时间聊天，表达对彼此的感受和需求；周末与孩子培养亲子关系。让家庭成为一个滋养你的能量场，而不只是一个忙完了回来睡觉的地方。

更重要的一点是，看清自己的“驱动模式”。

驱动力分两种：一种是快乐驱动，另一种是恐惧驱动。

当你去做一件事，付出很多辛苦，但依旧感觉很幸福，那便是“快乐驱动”在起作用。

但如果，你已身心俱疲，却仍不敢停下；你已收获了极佳的成果，却总不满意；甚至明明已经达到了当初的目标，你却有了更多焦虑，那很明显，这是“恐惧驱动”。

恐惧是一个巨大的黑洞，深不见底。它可以让人激发潜能，拼命向前，但总有一天，会透支体力，陷入茫然。

而我们的成长，首先就是认知这个模式。

看清恐惧的背后到底是什么，然后去调适，去转换。

“活着是为了什么”，这种灵魂式拷问，只有在你真正平静下来，充分地接纳了自己之后，才能得到内心的答案。

这几年做心理工作，我看着那么多的中年夫妻，走到某个节点，个个仿佛性情大变。

男人要么去钓鱼了，要么去盘串了，要么去搞越野玩摄影了。

女人有的去整容了，有的去抄经了，有的去痴迷心身灵了。

有人兜兜转转，有人分道扬镳，有人殊途同归。

你看这人生啊，无论赚多少钱，做多少事，遇上什么样的伴侣，归根结底，都是一场自己的修行。

各有渡口，各有归舟。

痛快

去活

第三章

构建自由的亲密

也许，我们都会爱上“错的人”

女友的前夫，是一个低情商、冷暴力、不靠谱的男人。

他们的爱情始于校园，从恋爱、结婚到离婚，磕磕绊绊二十年。

男人始终是个愤青。

在广告公司做设计，骂客户不懂艺术。

开会时跟领导吵架，当场拍桌子愤然辞职。

他并不是骨子里的坏人，但脾气暴，性格怪，爱无能。

结婚前两年，女友尽力包容、迁就。后来，她辞职创业，一边照顾孩子，一边解决家庭经济危机。

而男人，一句“不擅交际”，便成了日日宅在家打游戏的理由。

最终，这一切在发现一张购物小票的那一刻结束——那是他给第三者买的礼物。

二十年感情终结。

离婚五年，女友独自抚养女儿，几经沉浮，进入全新行业从零开始，现在已成为公司合伙人。

她自嘲：我当年真是瞎了眼，非要跟他在一起。

其实不光是这位女友，在心理咨询工作中，我经常会听到来访者的抱怨，把自己的不幸婚姻归咎于当初“瞎了眼”或者“太年轻”。

但实际上，如果时光倒流，重新来过，她大概率还是会做一样的选择。

女友摇头否认：绝对不会！如果重来一次，我绝不会选择他。

我说：是现在的你，不会选择他了。而当年的你呢？

她浅笑了一下，默默点头。

后来她说，自己当年也是个文艺女。大学里很多男生追求她，不乏品学兼优的同窗、儒雅斯文的学长，但她都看不上，觉得他们“没劲”。

她喜欢帅帅的、酷酷的、有才华的，且特立独行的。

前夫恰恰就是这一挂。

他是艺术系才子，狂放不羁、才华横溢。画得一手好画，能喝酒，会打架，KTV 里是麦霸。

她被迷得七荤八素，眼里满是星星，觉得他是如此与众不同。

恋爱几年，起起落落，分分合合，雨中奔跑，风里拥抱，海边哭喊，演尽了偶像剧桥段。她在这段感情里上天入地，九死不悔。

直至梦想照进现实，走出校园，踏上职场，进入婚姻，她才发现，原来成也萧何，败也萧何。

他有才华，却无法在现实中施展；有个性，却连基本的人际关系都无法维系。

曾经让她最迷恋的特点，后来都成了她最厌恶的。

一对伴侣的匹配，在时间长河里，是动态的。

当年的你，不是现在的你。

而当年的他，匹配的是当年的你。

当初的吸引是真实的。相爱是真心的。结合是甘愿的。

有句俗话说：人缺什么就会爱什么。

这份“缺”，不是现实层面的“缺”，是潜意识里的“缺”。

当一个人自我中的某个特质被压抑，不能自然呈现和释放时，他就会受潜意识的支配，去靠近一个具备这一特质的人。他需要通过这个人建立联结，去触碰自己内心深处这一部分。

所以现实婚姻中随处可见：

一个风风火火的急性子，偏偏找一个慢条斯理的磨蹭鬼。

一个吹毛求疵的强迫症，非要嫁一个漫不经心的懒散虫。

一个温言细语的好脾气，特别容易配一点就炸的暴躁狂。

表面看上去的不可思议，背后却是深度匹配。

因为他们互为彼此的正反面。

那些永远火急火燎的急性子的人，深深压抑了自己的“磨蹭”。而一个能慢下来的伴侣，就符合了他潜意识里的另一个自己。

那些事事苛责的完美主义者，从不允许自己犯错。而一个大大咧咧、经常出错的伴侣，就无形中成全了他对自己的允许。

那些总是好脾气、从来不发火的人，他们的攻击性无从释放。一个暴躁的、敢于释放攻击性的伴侣，就符合了他潜在的期待。

每一对看上去不般配的伴侣，可能恰恰是最般配的。因为他们满足了彼此看不见的隐性需求。

从这个角度来说，我们都会爱上“错的人”。

所谓“错的人”，只是被我们压抑了的另一个自己而已。

但很多人会为爱上“错的人”而痛苦。因为他没有深入地认知自己，无法觉知到自己潜意识里的隐性需求。

在这种无明的状态之下，即使他离开这个“错的人”，也很容易被下一个“错的人”吸引。继续抱怨，总在懊悔，最终将一切归咎于所谓的“命运”，给自己贴上“情路多舛”的标签，在孤独中自怨自艾。

许多年前有一部都市情感剧《好想好想谈恋爱》，被称为中国版《欲望都市》。我至今都经常找出来回看。

剧中蒋雯丽饰演的女作家谭艾琳，就是一个很容易在感情中“找虐”的女人。

她爱上了钻石王老五伍岳峰，但又为他的不专和善变而痛苦。

伍岳峰是个很自我的男人。对感情，蜻蜓点水，浅尝辄止。他对谭艾琳，对所有女人，都是一种态度——愿者上钩，两不相欠。

这种模式已与他融为一体，身心合一。

他坦言：每个人爱的能力是不同的。有的人爱了 100 分，还觉得不够。有的人爱了 60 分，已经是他全部的爱了。

谭艾琳就是那种爱到 100 分还嫌不够的人。她要的是炽烈。哪怕灼伤，哪怕燃尽，也不要爱情像一个哑炮，无声无息地闷烧。

伍岳峰即使爱到 50 分都已经是最高了。他要的是自在，是轻松，只享受恋爱的快乐，不承担恋爱的麻烦。对浓度过高的情感，他会本能地抗拒，逃跑。

但谭艾琳要的就是高浓度的情感。或者说，她潜意识里要的，就是虐恋。

她的爱，必须要附着在这样一个男人身上，她必须要用这种方式去爱一个人，她才能感觉到自己是在爱。她必须要用这样的方式来和一个男人相爱相杀，才能感受到爱的存在。

她无法绕过痛苦而获得爱情。为爱犯错，为爱受苦，是她为自己写好的剧本。她就要走这样一条路。在爱里卑微、流泪、受伤，零落成泥碾作尘。

从谭艾琳的角度，伍岳峰是一个爱情暴君。

他若即若离，她患得患失。

但他俩又拥有一个相同的本质——都痴迷自己不能完全拥有的东西。

谭艾琳所有的折腾，都是与自己的角逐。她注定要在一个自我、自大、自私的浪子身上，去完成自身的修行。

爱上“错的人”，可能会痛苦。

但归根结底，所有爱情，都不过是自我的照见。

“错的人”，也许会最终走向离散。

就像我那位女友。男人固守原地，不愿承受破茧之痛，没有成长与突破，而女人在结婚生子之后，大步流星，全新蜕变。

一个是过去的男人，一个是现在的女人。关系的失衡，便从此开始。

“错的人”，有没有可能会变成“对的人”？

有。但这种改变很难自然而然地发生，它需要很高的觉知与智慧，需要至少一方先做出改变，变得更加强大与慈悲，才能对伴侣有更多理解和悯恤，对婚姻有更多接纳。

一段感情无论结局如何，爱本身，都没有错。

我们只需要知道，爱不是一笔必须算清的账。

即使爱过“错的人”，即使关系终结，感情离散，那个错的人，在那个当下，也曾是对的人，也曾是满足了自己的人，亦曾是渡了自己的人。

亲密关系，是照见自己的一面镜子

我和丈夫是大学同学。恋爱第八年结婚，经历了异地恋、异地婚，最终算是修成正果。

这个过程很艰辛，经历了重重考验。我至今仍记得，在婚礼当晚的酒席上，一个好朋友喝得有点多，摇摇晃晃地走过来对我俩说："我就想不明白，你俩是怎么走到一块的？"

在很多人眼里，我俩成为伴侣，很不可思议。因为看上去，我们是完全不同的人。

我年轻时是个典型的女汉子，脾气急躁，性格要强。而我老公则性格平和，朴实厚道。

我那时还非常爱说话，滔滔不绝，好为人师，我老公则慢条斯理，还有点笨嘴拙舌。

我特别擅长做计划、定目标、做时间管理，我老公更多时候是不紧不慢，顺其自然。

总之，我俩看上去就是那种八竿子打不着的两种人。

事实上，朋友们的担心不无道理。

性格的迥异和习惯的不同，确实让我们在婚后生活里产生了诸多矛盾和冲突。

没有孩子的时候，还能尽量忍一忍。有了孩子之后，我经常像只炸毛的母狮，指责他干活慢，嫌弃他不着急，抱怨他不求上进、不思进取。

曾经一度，我特别后悔结婚，觉得我们三观不合，根本无法过下去，甚至在争吵之后起草了离婚协议。

所幸我还具备一种能力，就是在情绪失控之后能及时叫停，冷静反思。

那个阶段我一直在思考一个问题：如果真的三观不合，那到底是什么能让我们在一起这么多年？

那个时候，还没有“松弛感”这个流行词。

但我在漫长的思索之后，隐隐能感觉到，他吸引我的，恰恰是和我的这些“不同”。我内心深处其实很羡慕他的状态。

我是一个极易焦虑的人，时刻处于紧绷状态而不自知。这种易焦虑体质，让我工作高效、行动利落、做事决断、勤奋自律。但同时，也让我经常陷入完美主义和控制欲之中，疲惫不已。

我经常情绪崩溃、歇斯底里，一遇到不顺心的事就容易自我质疑，自我攻击。

他始终情绪稳定、宽厚包容，在无数关键时刻，为我托底。

若干年里，他几乎从不干涉我的选择。无论我出差、旅行，还是辞职、创业，他都理解并尊重，并身体力行地给予支持。

无论我有多少缺点和毛病，他始终对我抱有一份欣赏和认可，明白我争强好胜背后的不安和脆弱。

后来我读《母爱的羁绊》，看到书中一段话：

“如果你妈妈是‘成就动机’型自恋者，你在成长中也会模仿这样的角色榜样，遵循‘有成就才有价值’的信条。虽然对你寄予了这种期待，但达到期待并不会真正让你自我感觉良好。因为不管有多努力，你总会听到内心的声音：这不够好。”

我恍然明白，我就是这样的人。

自小总是被妈妈苛责、打压，我成了那种看上去很努力、很上进的“高成就动机者”。这确实让我在许多年里非常努力，也取得了很多现实意义上的“优秀”和“成功”。

但在这些年里，我努力的背后，驱动我的并不是快乐，而是恐惧。

如果人生是一场马拉松，我在前半程就透支了大半的体力。而在我老公身上，我看不到这种恐惧。他总是能按自己的节奏，很少跟别人攀比，也不被外力干扰内心秩序。

我曾经把这些都视为缺点。可后来我渐渐看到，这样的人，才是有耐力跑完全程的人。

一起走过二十年后，我才找到我一直寻而不得的答案：我当年为什么被他这样一个人吸引，原因有两个：

一是因为他拥有健康而阳光的自我。

他拥有爱自己的能力，所以也具备爱我的能力。他对我的好，不是讨好，没有交换，是自然而然的，是一个自爱已足够富足的人，自然流淌出来的。所以他对我好的时候，让我感受到的是一种放松，而不是需要我必须给出什么样的回报。

二是因为他稳定的内核。

他身上所具备的自在与自洽，让他活得松弛而舒展。这种对自己无条件的爱与接纳，恰恰是我内心深处最缺失也最渴望的。

潜意识最终会指引我们，找到一个最匹配的人。

如果没有他，我不会是今天的我。

而每一个背负着童年创伤的人，被看见，被接纳，被全然地爱着，即是治愈。

这几年，我发现身边的女友们，也都开始发现伴侣的好了。

女友 A，当年为了照顾奶娃，从外企辞职，放弃年薪数十万的中层职位，投身家庭。之后她经历过挫败时刻、自信心崩盘、价值感低谷，听过许多“这样挺好”的安慰，也听过一些“太可惜了”的叹惋，但这些对她来说都是隔靴搔痒。

女人永远在旋转。男人永远在上班。她崩溃过，为自己不值过，披头散发对老公嘶吼过。嫌他一个人从来带不好孩子；怨他晚上只知道躺平看电视；怪他父母自私冷漠，不出钱也不出力……

她用最恶毒的语言咒骂过他，用最狰狞的面目讨伐过他，一度打算离婚。

就这么跌跌撞撞过了几年。直到某天，她无意间看到男人的淘宝购物车里，收藏了半年多的顶配笔记本。五位数的价格，他不舍得买。因为想让孩子上好一点的私立幼儿园。

她转头看看这个头顶稀疏的 IT 男，一阵心酸。她只在意自己做全职妈妈的牺牲，可这个七尺男儿的压力，又何曾能为外人道。再难都要扛起一个三口之家，他不敢生病，不敢请假，不敢跳槽。

带不好娃，是因为长期加班缺少实践。总想躺平，是因为腰椎间盘已不堪重负。

女友回忆：初相识时，她尚读大四，他已工作两年。从谈恋爱那天起，他的工资卡就直接交到她手里，再也没有收回去。以至于，到现在自己都不知那卡长啥样。他从不舍得给自己花钱，却愿意给老婆孩子用好的。他四体不勤是不假，五谷不分也是真。可他不累吗？那些加班到深夜的时候，他不疲惫吗？那些应酬到凌晨的酒局，他没有委屈吗？

她终于感叹一句：“他其实，也不容易。”

另一个女友也是。

去年夏天，她父亲要过七十大寿，宴请几桌亲朋。老爷子对酒店要求颇高：宴会厅要不大不小，价位要亲民实惠，口味要家常可口，还得允许一帮票友吹拉弹唱。

他们所在的三线小城，可选的酒店寥寥无几。

她在骄阳似火的盛夏里，烦躁不已。她老公一边擦着汗，一边为她撑着遮阳伞，陪她一家家去看，去谈。

她老公是个典型直男，眼慢、嘴拙、不解风情。而且家里还有一对总挑她刺的公婆。前些年，她一想到这些，就看老公不顺眼。她吵过、闹过、发泄过。但男人对她父母一直尽心尽力。她扪心自问："换作我，恐怕是做不到的。"

回想那些年在老公身上发的邪火，也是心有戚戚："我能对着他出出气，他的气又能跟谁出呢？"

想想很感慨。

年轻时的闺密局，女人热衷吐槽男人。仿佛他们十恶不赦，罄竹难书。

行至中年，女人们似乎不约而同地走到人生另一片领域，竟然在一起讨论起男人的不容易。

亲密关系，如一面镜子，照出我们曾经的匮乏，也照见我们多年的成长。

一个人，只有在自我成长之后，在自我功能越发成熟之后，才能突破"小我"，去感知伴侣，理解他人。

看到自己的不易很容易，看到对方的不易，却需要很多修为。

我们接受他只是一个平凡的普通人，才能重新睁开眼，看见他那些作为一个普通人的平凡的付出和努力。

这也意味着，我们也接受了自己只是一个平凡的普通人。不再要求他必须是英雄，驾着祥云前来救自己。也不再要求他必须是王子，永远无限宠溺、含情脉脉。

他有他的脆弱，一如我有我的怯懦。我们都生而不完美，都是带着问题的成年人。男人不过和我们一样，在泥沙俱下的生活里被裹挟、被打磨。

贬损过、吐槽过，但最终我们依然选择与他并肩前行。

这意味着，我们的自我，扩容了。

而扩容后的自我，必然会将一个人的生命，引向更加通透、更加豁达。

内在模式，一个你不知道的潜规则

M 太太，经济条件优越，生活非常奢华。她的穿戴，从头到脚都是奢侈品牌，两只手上各戴了一颗“鸽子蛋”，脖子上挂着一块价值不菲的翡翠。

可能在很多人眼里，有钱到这种程度的人，生活几乎没什么烦恼了。

但她告诉我，她很痛苦。

她最大的痛苦来自她的丈夫每天都要对她说一句：你离开我什么都不是。

年年月月，日日重复。

一方面她非常愤怒，觉得这是对自己人格的侮辱；另一方面她又默默认同这个说法。

她自己表示：我确实离开他什么都不是，因为一直都是他赚钱，经营公司，我现在的生活都是他给的。

在这样一段关系里，她完全没有自我价值感，这是一种非常矛盾痛苦的情绪。一边愤怒委屈，无声呐喊；一边无能为力，默默承受。

M 太太结婚前，在父母家排行老二。上面一个哥哥，下面一个弟弟。在那个年代多子女的家庭中，她从小备受忽略。父亲是个大老粗，重男轻女，特别看重作为长子的哥哥。母亲是个家庭妇女，缺少主见，一味宠溺年幼的弟弟。

唯独她夹在中间，姥姥不疼舅舅不爱。

她从小捡哥哥的旧衣服，穿得像个男孩子，在行动上也得听从哥哥、弟弟的指挥。

比如，帮父母干活，哥哥和弟弟经常偷懒，把又脏又重的活丢给她，如果她反抗，弟弟就跑去母亲面前告状。没有原则的母亲会把她一通训斥，如果被父亲知道，后果可能会更严重。

她在这样的环境里，逆来顺受很多年。中专毕业后她离家打工，结识了同为打工仔的丈夫。没过多久她就决定结婚了。那一年她才 21 岁。尽管她知道这个男人也有很多缺点，有很多她看不上的地方，但她还是义无反顾地要和他组建家庭。

婚后丈夫下海创业，抓住了两次重要的市场机遇，把企业做了起来。经过二十年的打拼，他们的经济条件越来越好，买了别墅、豪车，她也成了人人羡慕的老板太太，但夫妻关系日渐冷淡。

M 太太心里很清楚，这么多年里她始终看不上丈夫的暴发户嘴脸。尽管有钱了，但他在她眼里还是很粗俗，大男子主义，缺少涵养。

她身边的两个姐妹劝她：实在不想过了就离，分他一半家产，下半辈子一个人逍遥快活。

但她做不到。她说不清到底是对丈夫有感情，还是舍不下眼前优渥的生活。

在这种纠结的情绪里，隐藏着 M 太太的一个内在模式——

对男人，既依赖又厌恶。

对亲密关系，既渴望又抗拒。

回看一下她的原生家庭就不难发现，这种模式早已在她多年的成长经历中就形成了。

她在原生家庭中，始终是一个默默无闻的配角。家庭的话语权掌握在父亲、哥哥、弟弟三个男人手里。

这三个男人，没有一个给予她关心和爱护，尤其是最该给予爱的父亲，导致她在最初对异性的情感体验上，就是冷漠的、糟糕的。

母亲是个缺少主见、没有自我的家庭妇女，M 太太又在无形之中认同了母亲。她的潜意识里认为女人不过都是如此，嫁一个能养家的男人，低眉顺眼地过一生。

因为爱的匮乏，她在认识了丈夫之后，就迫不及待地走向了婚姻。她太需要爱了，哪怕只有一点点，都驱使着她义无反顾。

婚后的她，成了和母亲一样的家庭主妇。当然区别在于，她的经济实力比母亲优越。但她对母亲一无是处的评判，完完全全地复制在了自己身上。

与此同时，她内心深处，又充满了对男人、对亲密关系的不信任。她不满意丈夫，也不认可他的能力。她无意识间，把自己对父亲的复杂情绪，投射到了丈夫身上——既想要他的爱，又忍不住对他怨。

接收了这些投射的丈夫，自然是不爽的。所以他每天都要用“离开我你什么都不是”，将这个看不起他的妻子刺激一番。

一个是表面顺从，心生鄙夷的妻子。一个是嘴上狠毒、内心自卑的丈夫。一段拧巴纠结的关系，爱怨交织。

M 太太没有意识到，这个模式，其实是她自己创造出来的。虽然让她痛苦，但这份痛苦的感觉，是她潜意识里习惯的。

人总是会本能地选择自己最习惯的模式，它未必是好的，未必是适合的，但那是她熟悉的。

熟悉，是另一种安全感。

这也是强迫性重复的根源。

在没有觉知和成长的时候，很多人都在无意识地重复过去。

亲密关系，就是童年家庭关系的重现。

只有看见、接纳、疗愈、成长，才能突破这种模式，不再继续陷在这个循环里。

当我和 M 太太谈完这些，她流了很多泪。

她说，这么多年，她始终无法原谅父母，为什么只疼哥哥、弟弟，却对自己视而不见。

她说，其实丈夫是有优点的，比如，能吃苦，有拼劲，舍得给家人花钱。从一个一穷二白的打工仔打拼到现在，其实是很不容易的。

她第一次意识到，丈夫在她长年不满的情绪里，内心也充满了自卑和压抑。但男人的自卑通常会选择用自大的方式体现出来，所以他不停地要强调：这个家的财富都是我创造的，你的优渥生活都是我提供的。

归根结底，两个人都想从对方那里得到爱、认可和接纳。

内在模式不易被觉察，因为它运行得悄无声息。像一条隐形的轨道，让关系长久地在此绕圈，让问题一遍遍重演。

强迫性重复，在某种程度上等同于命运。

无数女人在情天恨海里翻滚，最终归咎于自己“命不好”，遇不上好男人，其实也验证了这一点。

要改变这个模式，第一步需要觉察。

在痛苦中保持觉察，去探索痛苦背后的恐惧和渴望。

第二步是抽离。

尝试着以一个外人的眼光看待这段关系中的问题。分清自我边界在哪里，哪些是我们可以改变的，哪些是我们无法控制的。

第三步是自我满足。

一个人在早年经历中所有的匮乏，都不应该向伴侣强行索取。先学会自我满足，用爱自我滋养，然后才有能量去重新审视关系，重建关系模式。

第四步是改变应对方式。

旧的模式，只会得到旧的结果。

关系像打球时的一个个回合。你变换了打法，对方也会改变接球的方式。勇敢尝试新的方式。

大约一个多月之后，M 太太告诉我，她改变了“策略”。某天当丈夫又一次对她说那句话时，她没有忍耐也没有回击，而是笑着说：“对啊，所以我离不开你，这辈子都要和你在一起。”

男人怔住了，半天接不上话。

但从那次开始，他们的关系变得不一样了。一些经年的冰，开始消融了。

而我知道，从前的那个游戏，她终于不再玩了。

当模式被改写，从此轮回被打破。

荣格称之为：当潜意识被呈现，命运将被改写。

如何做到既亲密，又自由？

一个哥们儿的经历，在我们的小圈子里是个经典笑谈。

当年他领证登记，晚上被一帮朋友叫出去喝酒。酒桌上，一帮大老爷们儿齐齐诉苦，说男人结婚之后就没了自由，工资卡要上交，不回家要汇报，抽烟喝酒被约束，打游戏也被管理。总之，男人一入婚姻深似海，从此自由是路人。

那哥们儿被吓着了，原本酒量不错，那次喝了两瓶啤酒就倒了，被人抬回了家。

很多人对进入亲密关系都有这种矛盾心理。既想要亲密和依恋，又害怕失去自由和逍遥。或者说，只想要亲密关系的好处，不想要附赠的束缚。

从某个角度来说，婚姻确实是以放弃一部分自由为代价，来获得一段稳定的关系。

那么，在亲密关系里，有没有可能鱼和熊掌兼得——既亲密，又自由呢？

首先我们要知道，每个人对亲密和自由的需求量不同。

自身匮乏、安全感弱、价值感低的女性（也有可能是男性），进入关系之中，对亲密的需求会格外大。比如，希望伴侣满心满眼都是自己，时时刻刻都关注自己，任何时候都想着自己。

她对亲密的定义，就必须要以某种特定的行为来体现。比如，24 小时连体，分开时必须要通电话、连视频，节日必须送礼物，等等。

这样的亲密，刚开始可能会让伴侣感觉爱的浓度很高，但时间一长就会让人很累。

一感觉累，男人的本能就是想逃离。这时候，就会加倍催生男人对自由的向往。

本来正常的相处，他可能只需要一支烟的时间。但在这种密不透风的关系里，他就想出去待几天了。

另一种情况是，一个人爱的能力弱，潜意识里抗拒和害怕亲密关系，不敢投入，于是看上去就特别"放浪不羁爱自由"。

这种情况在男人身上很常见。

而男人越是如此，越容易激发女人的不安全感。

女人越感到不安，就越容易捆绑和控制。

痴男怨女，纠缠不止。

以上这两种都不是成熟的人格。

一个自我发展得独立且稳定的人，他会自然地发展出与伴侣亲密的能力，与此同时，他又有清晰的边界，既能享受亲密，与爱的人相融，又能保持自己作为个体的独立性，分得清"我""你"和"我们"。

真正的亲密，不是当连体婴，不是永无休止地亲亲抱抱，而是两个生命之间的深度感知和连接。它需要两个人彼此共情，同频共振，也需要在漫长的岁月里，共同成长，一起调整，在不同阶段发展出不同的亲密形式。

比如新婚宴尔的情侣，会时时刻刻都想在一起；

人到中年的夫妻，更多的是彼此懂得，无言默契；

行至暮年的伴侣，会以更慈悲、更豁达的心态对待彼此。

那么什么是自由？

在亲密关系中，不控制，就是自由。

真实地做自己，也允许对方真实地做自己。在彼此的真实中建立深度的信任。越信任，就越自由。因为一方不担心自己做了什么或者没做到什么，而破坏这段关系。他对关系有足够的信心，相信它的坚固和稳定。

越能自我负责的人，就越容易获得自由。

因为他能享受独立的亲密，不需要通过控制对方来感受爱，也不需要把自己寄托在对方身上来感受依赖。

在许多现实婚姻中，通常是在年轻的时候，女人对亲密的需求更多，男人对自由的需求更多。所以婚姻的前半程里，男人总想往外跑，喝酒，钓鱼，打游戏。女人总是愤愤不平，怨男人不着家，不够爱她。

但随着年龄的增长，男人进入依恋关系，开始恋家了。女人却相反，开始不再沉溺亲密关系，而是把精力用在更多的事上。

能量开始中和，关系趋于平衡。

作家伍尔芙说：伟大的灵魂都是雌雄同体。

现代社会发展至今，越来越多的人趋于“雌雄同体”了。并不是说人们都不需要亲密关系了，而是说，女性身上也同样具备男性力量，她们不会沉溺于亲密关系，而是能拥有更广阔的世界。男性身上也同样具备女性力量，他们不只是向外征伐，也能够感知并享受细腻深厚的情感。

这样的男人和女人，在亲密关系中终究都会走向两性的平衡——不跪舔，也不凌驾；不做君王，也不当奴仆。

婚姻成为一个可以安放彼此身心的容器，让他们真正享受到亲密与自由。

教会伴侣如何爱你

“春天的公园里，到处都是挨骂的男人。”网上看到这句话，把我笑喷了。

短视频里有女孩在樱花盛开的路边，气鼓鼓地蹲在地上声讨男友：“你给我拍照一点都不用心，你根本发现不了我的美，你根本就不爱我！”

女孩把男友拍照不好等同于不爱自己。这是孩子的逻辑，不是成人的。

事实可能是，那个男孩仅仅是缺乏技巧，少点审美，不擅长摄影而已。他给女孩拍的丑照，可能已耗尽他毕生所学、用尽他洪荒之力了。

女人容易陷入一个奇怪的逻辑，就是：你如果爱我，就应该如何如何。

你如果爱我，就应该懂我。

你如果爱我，就算我不说，你也该知道我想要什么。

你如果爱我，不管我怎么做，你都会喜欢我的一切。

很遗憾，谈恋爱时秉持这种逻辑的，跟进入婚姻后过得苦的，往往都是同一批人。

因为，“我不说，你就知道我想什么”，这是婴儿的状态。

婴儿一感觉饿了，就希望妈妈马上把奶水送到嘴边，否则就会号啕大哭。

对婴儿来说这是正常的。因为他活在全能自恋的状态里。

而一个成年人如果还是这种心态，那就是典型的“巨婴”。

一段关系里，再相爱、再默契的两个人，也无法永远都能心领神会对方的意图。

尤其对于习惯“单线条”思维的男人来说，要猜女人想要什么，简直是一种折磨。

因为他们能听懂直接明确的指令，比如妻子说：我想让你帮我倒杯水。他可能马上就去倒了。

但他们很难听懂抽象性的需求，比如妻子说：我想让你多爱我，多理解我。他可能就蒙了。

所以很多抱怨伴侣不够爱自己的人，需要先思考一下：我是否明确表达过我的需求，教过他如何爱我？

很多女性会反感，原因是：什么都要我说，那就太没意思了，不如算了。

但嘴上说着算了，实际心里又不满，继续抱有期待，然后继续失望，继续指责抱怨，无限循环。

许多年前我自己也绕不过这个弯，为了“他不够爱我”这点事儿，吵过无数次的架。

比如有一次，我工作中发生了一些事，令我心情很糟糕，我把这些事讲给老公听，但他听完之后，给我讲起了笑话。

这令我更加愤怒。我已经很烦了，你不能给我解决问题，不能为我疏解烦恼，讲什么破笑话！有什么好笑的！亏你还笑得出来！你长没长心？有没有情商？我跟你这种人过个什么劲！

实际上，他当时的想法是：这件事确实挺糟心的，但我又帮不上什么忙，那就讲个笑话让你开心一下吧！

因为他自己处理情绪的方式就是这样的，在心烦意乱的时候，上网看个段子，或者刷个脱口秀小视频，逗自己乐一乐。

每个人的成长背景、成长经历的不同，造就了每个人的内在模式不同，也导致了每个人对爱的表达方式不同。

当一个人没有学习过别的方式，他就只会把自己惯用的方式拿出来，回应对方。

他不是不爱，只是在用自己的方式去表达爱。

我在没有做内在觉醒和自我成长的时候，意识不到这一点。于是我沮丧、失望、痛苦，觉得自己瞎了眼、选错了人，这个婚姻太糟心。

但在我持续地心理成长之后，我清楚地看到这种互动背后的模式和根源。我没有错，他也没有错，他只是没有用我想要的方式回应我。

他的方式是我不喜欢的，那我就需要告诉他，我希望你用什么样的方式爱我、回应我。

于是我可以平和地告诉他：工作上的事我并不需要你替我解决，我向你吐槽抱怨，只是希望得到你的理解，安慰我、抱抱我，让我感受到有人爱着我、支持我，就可以了。

他恍然大悟：哦，原来是这样啊。

这个过程其实很简单，但我如果没有内省，没有深入的自我认知和自我改变，就会陷入永无休止的争吵：

"算了算了，跟你说了也没用，跟没说一样。"

"我这不是也想让你开心一点吗？"

"你这人永远都是这德性，从来不会理解别人。"

"你非要这么说，我也没办法。"

沟通从此被阻断，心渐渐冷却。

有人觉得不公和委屈：凭什么要我教，他自己不会学吗？

一旦有了"凭什么"这个想法，问题就很容易成为死局。因为关系中的问题要解决，必然需要一方先做出行动。那该谁先做呢？

谁痛苦，谁改变。

就这么简单。

教会对方如何爱自己，真正受益的是自己。在这个过程中所有的努力，说到底都是为了自己。

这样想，还有什么可委屈的？

就好比同讲英语的外国人对话，他听不懂中文，你为了能和他达成沟通目的，就对他讲英语，最后他听懂了，沟通一致了，我们想要的结果就得到了。

如果伴侣习惯用指责、抱怨等负面方式来回应你，让你感觉受伤害，那你更需要表达自己的感受，建立自己的界限。

我的一位来访者，是位爱美的女士，她每次在天气刚回暖的时候，就迫不及待地想穿新裙子。老公总是阴阳怪气地嘲讽："才几度就穿裙子？要美不要命，等着感冒吧！"

大清早听到这番话，她原本的好心情一下被泼冷水，然后两个人开始争吵、怄气、冷战。

这种事，说起来都是芝麻小事，但过起日子来，它们却像鞋里的沙子，让人难受。

在几次咨询之后，我陪她探索了他们彼此的模式和期待。

她老公是个养生达人，尤其中年之后，特别崇尚顺应时令节气。他经常建议她不要光脚穿凉鞋，不要露脚踝，注意大椎和腰部的保暖，等等。

其实所有做法，初衷都是好的，希望她健康少生病，只是表达的方式让人不舒服。

后来这位女士学会了表达自己的需求：

"我以前很反感你那样说话，觉得你是故意惹我不痛快。但现在我知道了你是关心我的身体，为我着想，怕我着凉生病。只是那种话让我觉得不舒服，我就更加不想听你的。以后你可不可以换一种方式，比如告诉我今天多少度，下午可能会起风，提醒我带件外套。我会很愿意听你的建议。"

丈夫欣然接受，并对她刮目相看。

当然还会有一种可能，就是你表达了，但对方不改变。

这里面有两个原因：一个是意愿，另一个是能力。

伴侣没有意愿满足你的需求，不想按你喜欢的方式去做，很可能是因为你们的关系并没有达到理想的深度，两个人之间缺乏真正的情感连接，各自固守各自的信念，不愿意为了对方做出一丁点儿改变。

伴侣没有能力满足你的需求，是因为你的期待超出了他的能力范围。就像爱拍照的姑娘，期待男朋友一出手就是大片。但男友只是个摄影小白，不具备那个水平。

这种情况，就需要你调整期待，寻找其他方式满足自己。明明找个跟拍就能解决的事，何必非得折腾伴侣，破坏关系。

那只是控制，不是爱

曾在微博看过一个很火的话题。求助者是一位女性，大学教师，985 研究生毕业。丈夫文化程度不高，但家庭很富裕。

内容大致是：

女主的丈夫由于工作原因每月只能回家五六天，每月给女主十万块钱的家用，要求她必须花掉，每周要求她汇报买了什么花了多少，达不到金额就会生气。丈夫认定妻子只有花他的钱，才是爱他的表现，否则就是不爱他。

另外，丈夫提出希望女主辞职做全职主妇，而女主只想做一个普通人，现在被丈夫这些要求如枷锁般禁锢着。

评论里几乎是一样的画风：

“我流出羡慕的泪水。”

“这份痛苦请让我来承受，我愿意。”

“不妨让我试试。”

很多人觉得，这位女主硕士毕业，大学老师，工作斯文体面，每月到手十万家用，家中有保姆照顾生活起居，只需要用花钱来向老公示爱就行了，都到这份儿上了，人生竟然还有烦恼，简直是矫情啊！

这个帖子可能有夸张的成分，但我在现实中接过一些类似的案例：

夫妻二人，男人在外打拼，把赚的钱都毫无保留地交到家里，钱越赚越多，回家的时间越来越少。

长年忙碌，终日疲惫，回到家中连话都不想说一句。

妻子掌管财政大权，衣食无忧，物质不缺，但日日孤独，就希望丈夫回到家能陪自己说说话。

当丈夫不能满足这一点，她会忍不住抱怨。

这种抱怨让疲惫的丈夫很窝火：“我这么努力还不全是为了这个家？你为什么不能体谅我！”

丈夫的指责让妻子更加委屈：“你以为我要的就是钱吗？我要的是你的爱和陪伴！”

两个人都很想去爱对方，也都很渴望得到对方的爱，却最终在指责和抱怨中，心生嫌隙，渐行渐远。

一个给的是钱，一个要的是爱。

一方交付了物质意义，一方渴望情绪价值。

也许两个人都没错，但需求匹配出了问题。

而微博的这个案例中，有几个关键点：

一是丈夫的控制。

“花钱一时爽，一直花钱一直爽”，女主现身说法打脸了这一金句。

什么事，一旦被强制，就变成了痛苦。

丈夫的强制，看似是霸道总裁甜蜜宠妻，但对女主来说，却是一种近乎甄嬛回宫的悲戚：“这凤冠霞帔，何尝不是万重枷锁，锁住我一生的欢欣。”

看得出，女主并不是个物欲很强的人。没胃口的人，被要求顿顿吃下满汉全席，那滋味必然不好受。

二是丈夫对妻子“不生气，不撒娇”的抱怨。

可能这对夫妻的日常相处模式，是相敬如宾的状态。

相敬如宾，自古是一个形容夫妻关系的褒义词。

在旧时代，这的确是一种非常难能可贵的关系状态。

因为女性在夫权社会，没有自我，没有人权，当她能被丈夫“相敬如宾”地对待，说明她是被当作人来看待的。这是那个时代的女子最好的宿命了。

但现代婚姻，相敬如宾，意味着客气，意味着距离，意味着没有真实与亲密。

真实与亲密，恰恰是婚姻关系的核心根基。

丈夫渴望妻子是个能生气、会撒娇的女人，让他能感觉到真实与依恋。

这句抱怨，恰恰是一种变相的索爱。

三是丈夫对妻子“不花钱就是不爱我”的评判。

无论是说出“不给我花钱就是不爱我”的女人，还是说出“不花我的钱就是不爱我”的男人，内心深处可能都是低价值感。

低价值感的外在体现之一，就是控制欲。

你不肯花，我就强制要求你花。

你花不完，我就要求你周周汇报，达不到标准就不算完。

在他的信念中，给妻子钱花，就是爱她的体现。

如果她不花，就意味着她拒绝了他的爱，否定了他的爱，让他有失望和挫败感。

这个行为背后，其实是两点至关重要的信息：

一是他找不到除金钱以外的表达爱的方式。

很有可能，他的原生家庭就是这样的。

他从小学会的爱的表达，就是给钱。

二是他极其需要从妻子那里得到这一点的肯定和认同。

他并不相信自己有天然被爱的资格，潜意识的模式里，只有通过一些方式，才能换取爱、确认爱。

一旦对方不接受他的钱，他感受到的就是不拿他当自己人，这让他愤怒。

愤怒的背后，都是潜意识里不被爱的痛苦。

这位女主投稿求助，可能会被有的人视为“有钱人的矫情”。

但她有一份难得的独立和清醒。

她没有因为有一个“我养你”的丈夫而迷失自我，同时她忠于自己的感受——“买回家的包像枷锁，只有工作时是自由的。”

这不是矫情，而是她清楚知道自己要什么，清楚自己想挣脱的枷锁是什么。

他们都没有什么大错，只是活在各自的模式里。

男人看不到妻子的精神需求，除了给钱，他没有学会其他爱的表达方式。

妻子不肯花钱，就等同于对他的否定。

这种否定让他懊恼并沮丧，他不太成熟的心智令他无力平衡这种情绪，继而转变为攻击。

妻子有妻子的疲惫。

她在伴侣的“消费要求”重压下，不能做真实的自己。

她活得辛苦而委屈，也无力看到男人的种种“霸道”表象背后，那份深深的脆弱和渴望。

在我看来，他们之间的改善，或许可以从妻子那里开始。

她并不需要用花钱或辞职，来满足丈夫的期待。只需要看到他的无力和虚弱，尝试着从更深的层面，创造与伴侣内心深处的连接。

对自我价值感低的伴侣，表达对他的肯定和认可，表达对他的依恋和需要，表达对他的鼓励和赞美。让男人看到在金钱之外，他在妻子眼中有如此之多的闪光点，他是如此值得被爱。

这段关系中，他的脆弱的内在小孩重新体验被接纳的感觉，他才会渐渐放下对金钱的执念和控制，才会关注到妻子的情感需求，并愿意去满足。

而他们的关系也就有新的机会，走向良性发展。

可能很多人又会说“凭什么”——

明明有问题的是男人，凭什么让女人做这些？

如果一定要分出个“凭什么”，那就凭求助的是女人，痛苦的女人，纠结的女人。

就这个案例来说，我不认可那些“三观不合，趁早离婚”的观点。

他们彼此，内心深处的冰山之下，都有更大的部分，需要被看见。

真实与亲密，是婚姻永恒的追求，也是我们修行的功课。

我还想说的是，真的不必羡慕。

只有粉红梦幻里的少女，才迷恋“霸道总裁爱上我”的戏码。

而心智成熟的女人，调侃归调侃，并不会真心希望“这样的男人给我来一打”。

因为她们都知道茨威格那句话：所有命运赠送的礼物，都在暗中标好了价码。

如何面对一个低能量伴侣

一个人自我成长的过程，是一个不断调整能量状态、升级能量等级的过程。

高能量的人，对世界的感知是愉悦的、美好的、开阔的。

他们拥有稳定的情绪，积极的心态，待人真诚友善，做事全情投入，更容易实现梦想，达成目标。

低能量的人，对世界的感知是糟糕的、灰暗的、封闭的。他们要么看上去很“丧”，遇到一点问题就唉声叹气，怨天尤人；要么就负能量爆棚，攻击别人，尖酸刻薄。

在婚姻中如果面对的是一位低能量的伴侣，那会是一个巨大的挑战。

我的读者小苏，就遇到了这种问题。

她结婚 6 年，孩子 4 岁。近两年，她越来越受不了老公的丧气。她老公工作上不积极，年年晋升都没他的份儿。日子得过且过，戳一下动一下，从来没有规划。家里有点什么事，小苏还没怎么样，他先愁眉苦脸，焦虑得不行。

小苏感觉忍无可忍：一个大男人，一点精气神儿都没有！

小苏说，自己本来也不是一个很积极主动的人，但自从有了孩子之后，她读了很多育儿书，不断提升自己，感觉整个状态比没当妈妈之前提升很多。虽然她也明白在婚姻中对伴侣的接纳很重要，但有时看老公蔫头耷脑的样子，还是气不打一处来。

很明显，小苏因为生育，激发了自己的潜能，妈妈的角色让她迸发出了巨大的生命能量，令整个生命状态跃迁到了更高的层级。

但她的丈夫还停留在虚弱无力的弱能量状态。

这种情况，小苏需要注意几个问题：

第一是保持觉察，不卷入别人的情绪里。

负能量是一个自带吸力的旋涡，很容易将人卷进去。

就好比怨妇为什么喜欢扎堆抱怨，因为那是一个负能量场，被卷入那个能量场的人，很容易被浸染，勾出前尘往事的“新仇旧恨”。

小苏相对以前的自己，虽然已经有很大进步，但她还处于成长中，自我的内核尚不稳定。否则她就不会对丈夫的状态有这么大的情绪了。

正是因为她自己的内核还不够稳定，所以面对老公的愁眉苦脸、唉声叹气时，她才会很容易被“勾住”。因为她自己内心还有这些“钩子”。

小苏需要学会明晰自我边界，分清哪些情绪是他的，哪些是自己的，时时保持觉察，不被别人的情绪和状态带跑。

第二，不要强求丈夫改变。

一个低能量的伴侣，在他过往的人生中通常是长期处于低价值感的状态中。这背后有原生家庭、成长创伤、际遇经历、自身因素等很多原因。指责他无能、强迫他改变，就像逼一个虚脱了的人去跑马拉松，他会产生更多的厌恶和愤怒，生出更多的无力感，结果肯定适得其反。

越是低价值感的人，越需要别人给予肯定、认可和欣赏。作为丈夫，他可能还希望小苏表示出对他的需要和依赖，这样他才会一点点建立起改变的力量和信心。

第三，保护好自己的能量。

小苏的能量等级比丈夫高，但也不代表她永远都是饱满的。

在自己能量高的时候，她可以给丈夫支持和鼓励，影响他朝着更好的方向变化。

但在自己力量不足的时候，不要试图去带动丈夫的成长。就像一个不会游泳的人，不要下水救人，否则两个人会一起溺水。

对丈夫的情绪有情绪的时候，平和地表达出来：我现在状态也不太好，所以帮不上你什么。我们可以先各自平复一下。

越能这样做，就越能保护好自己的能量不被损耗，就越能接纳和尊重别人的生命状态和成长节奏。

另一个读者小艺，吐槽她的丈夫太懒。他人品不差，老实本分，但就是懒。

她问我，这是不是也是生命能量低的表现？

我觉得这个事，得区分来看。

懒也是分类型的。

有的人是嘴懒。没有能说会道的本事，也不愿意学甜言蜜语，甚至笨嘴拙舌有些木讷，但他们能踏实干活，努力生活，承担责任。

有的人是手懒。不事稼穑，不爱动弹，看见活儿就心烦。但他们嘴甜，会说，肯花心思讨好伴侣，家庭氛围搞得其乐融融，一家大小开开心心。这也是本事啊！有的女人喜欢这种模式。钱我能赚，车我能开，仗我能打，娃我能带，家务活儿我可以请保姆干，我和你在一起图什么？就图你能让我开心啊！

真正生命能量低的，是心懒。

不思考、不谋划、不动手、不实干、不沟通、不交流。心懒的人，是丧失了生命力的人。如朽木，如枯泉，既无活力，也无情趣。他们早早就放弃自我，放弃努力，如行尸走肉，得过且过。懒得想、懒得干、懒得说、懒得动。这种人逃避责任，毫无担当，却往往能拿“老实本分”来掩盖真相。

中国人为什么相信勤劳致富，因为我们祖祖辈辈都知道，想过更好的生活，就得动手动脑，就得付出就得干。看过宋丹丹小品的人就知道，懒汉在以前，是娶不到媳妇的。

他们在事业上不求上进，敷衍了事。他们在家庭中自动隐形，动辄以应酬加班为名逃避带娃。他们不读书不看报，因为思考太费脑，打打游戏、刷刷视频就觉得自己日理万机。

到了中年，他们会毫无悬念地活成一个油腻男。秃顶、黄牙、大肚腩，一身臭汗，澡都懒得洗。

出轨、家暴、沾染黄赌毒的男人，是“杀手”，一刀毙命，倒也让人死心。而这种低能量的懒男人，却是钝刀子割肉，不致命，但慢慢磨，分分秒秒都让人难受。

选这样的人当伴侣，挑战就更大了。

你愿意“如他所是”，不要求他改变，你愿意一个人活成一支队伍，对他没有任何要求，只要他像只树懒一样懒懒地趴在那里，你就高兴，你就心安。这样的精神，可以超越世俗爱情婚姻的标准。

但现实的婚姻往往经不起这种考验。因为婚姻是一场合作，同甘共苦，责任同担。

如果你感觉到一个低能量伴侣正在拖垮你，那你就需要考虑，是不是该离开了。

但对方往往是不同意的。他会表现得不离不弃、从一而终。但那也不是因为爱，只是他懒得离婚，懒得换人罢了。

婆媳关系的深层内核

在中国家庭里，婆媳问题似乎都是典型的“清官难断家务事”。婆婆抱怨媳妇，如同新仇旧怨。媳妇声讨婆婆，仿佛苦大仇深。

我个人认为，对于成熟的人格来说，比较健康的关系就是：婆媳之交淡如水。

在当下这个时代，婆媳关系应该越来越趋向于现代化、简单化。女人把更多的时间用于发展自我，经济和精神双重独立，婆媳关系就只是所有人际关系中的一种而已。它没有那么玄幻，也不需要被妖魔化。

但那些充满争斗和纠缠的婆媳关系，问题出在哪里？

很多人会第一时间声讨男人。男人自然难辞其咎。但两个女人，在这种关系里也绝对是彼此配合。

先说婆婆这个角色。

对一个家庭来说，婚姻，意味着子女将开启一段全新的关系。在这段关系里，媳妇是一个“进入者”，婆婆是一个“退出者”。

只有婆婆先得体退出，媳妇才能顺利进入。

如果婆婆把在“门口”坚决不出，媳妇勉强进入，那就注定会成为一段别扭糟心的三人行。

得体退出，这简单四个字，对于当婆婆的女人，是一场极大的挑战。因为要做到这一点，需要一个母亲自我独立、人格成熟。

如果一个婆婆有智慧，高情商，其实未必是她有多么高深的学问，或者懂得多少人际钻营的技巧，而是她的内心足够自立、富足且稳定。

只有这样的母亲，才能真正允许她的儿子成为一个真正的男人，允许儿子与其他女性发展亲密关系，并为之付出与负责。

那些养出“妈宝男”的母亲，那些对儿子婚姻横加干涉的婆婆，本质都是一个词：控制。

控制分两种。第一种类型是“强控制”。

比如，全网热议的某位女明星，嫁入影视大佬之家，婆婆的控制几乎摆在明面上——小两口儿的恋情由她来官宣，求婚仪式由她来安排，怀孕生子都由她来公布……

她的插手是明晃晃的，是理直气壮、理所当然的。

“强控制”型的婆婆基本都如出一辙：前有婚房的装修，家具的订购，婚期的选择；后有生孩子是顺还是剖，时辰的选择，名字的定夺；再到小两口儿的家庭分工，消费管理，孩子的吃穿用度、幼儿园、学校、兴趣班……她们件件参与，样样干涉。

这种“强控制”型的婆婆，要的就是一人独大，永不改变。

她的潜意识里极度恐惧与孩子的分离，所以始终会以各种理由，和儿子捆绑在一起，永远占据女主角的位置。

这样的母亲，养出的儿子能力通常都很弱。因为潜意识里，她就不希望儿子强大、独立。因为独立，意味着儿子会把她“抛弃”。

还有另一种类型是“软控制”。它是隐性的、悄无声息的，让人挑不出毛病，感受上却是哑巴吃黄连，有苦说不出。

比如，牺牲型的婆婆，非常擅于制造苦情计。

她们最擅长用过度的付出，让儿子内疚。

这种操控，有时候是有意识的。

比如，婆婆声泪俱下地向儿子控诉媳妇如何不好，然后转到自己一把屎一把尿把他养大多不容易，最终目的就是用人伦道德，逼迫儿子站队，把儿子拉向自己这边，疏远和冷落儿媳，以降低自己“被替代”的焦虑和不安。

有时候是无意识的。

一对小夫妻，每次外出旅行，婆婆必然在家犯旧疾。你说她是装的，也不全是。去医院呢，多多少少也能查出点问题。但这种情况一而再再而三地出现，怎么就那么巧呢？

这样的婆婆，会在头脑中压抑“破坏儿子婚姻”的念头，但潜意识里这个念头却让她的身体出状况，就有了最合理化的借口。

这一切都可以用一种很隐秘、很无辜的方式完成，连儿子也为她开脱：我妈也不想生病啊……

如此一来，小两口儿单独相处的时光就被破坏掉了。妻子郁闷，却说不出什么。

再比如，看上去脾气特别好的婆婆，有时很擅长软攻击。

一个女友的婆婆，特别善良、和气，全天候帮他们带孩子、做家务。

女友觉得自己很幸运，遇上了这么好的婆婆。相处了两年之后，她发现了一些端倪。

比如，她和婆婆说话，婆婆经常装作听不见。过一会儿又一脸抱歉地对她说：“啊，你刚才和我说话吗？哎呀，我没听见，人上了岁数真是……”

比如，她给孩子买的衣服和用品，婆婆十有八九会悄悄换掉。但每次都和颜悦色地列出理由：宝宝穿这身热得一头汗，我就给他换了一件……

再比如，每次只要是她开车拉全家出去吃饭，婆婆一定是最晚下楼的那一个。看上去都在忙正事，收拾孩子的出门用品，收拾冰箱、整理家务之类。但如果是她老公开车，婆婆会早早做完，不让儿子多等一分钟。

发现了这些之后，她对婆婆的感情发生了微妙的变化，从原来的感动，变成了一种说不清道不明的排斥。

实际上，这一桩桩事情，都是软攻击。

她的婆婆，无论表面上如何对媳妇好，她的潜意识始终都把儿媳当作对手。但她的心理模式，不会像那些“强控制”型的婆婆那样，直接释放攻击，但这些攻击要指向哪里呢？于是，就会以隐性和被动的方式呈现。这些琐事，拎出哪一件，都不至于翻脸，女友的直男老公也完全意识不到。但时间一久，媳妇还是明显地感觉到了这种软攻击。感受这个东西，是不会骗人的。

软控制的核心，就是一个母亲让儿子产生内疚感。用内疚来操控，是一种隐性 PUA。这种手段往往很容易得到儿子无意识的配合。因为作为儿子，看到妈妈过得不好或受尽委屈或付出全部，都是他无法摆脱的本能的愧悔。当一个孩子有愧悔，他会无意识地牺牲掉自己的某些幸福，来成全或者“报答”母亲。除非这个男人拥有强大的自省和成长能力，能突破这个模式，否则，他首先选择牺牲掉的就是他的亲密关系。

再说媳妇。

有的女性在结婚之后，会对婆婆怀有天然的恨意。同样的一个小问题，发生在自己的亲妈身上，就可以忽略不计，出现在婆婆身上，就变得不可原谅。

有人解释说：亲妈生我养我，自然容易被原谅。

意识层面确实说得通，但潜意识却未必是这样。

如果一个女性，在原生家庭里从小压抑了很多对母亲的愤怒，无法表达和释放，那么当她进入婚姻后，遇到另一位母亲，便容易将这份恨意投射到她身上。

压抑有多深重，投射就有多强烈。

因为我们本能地需要一位“好妈妈”。自己的亲妈再好，也会有不好的、糟糕的，甚至对你造成伤害的一面。那么，这些“坏妈妈”就被投射到婆婆身上去了。所以，无论婆婆怎么做，她都是一位“坏妈妈”。因为你需要有一位

“坏妈妈”，来承接你的不满和恨意。

当一位女性的自我弱小时，会更容易陷入婆媳问题的纠缠中。

曾经有一位 49 岁的读者，给我发了千字长文吐槽婆媳关系。从 20 多年前的彩礼，到生孩子时的怠慢，再到后来因带娃产生的嫌隙，因拆迁款分配造成的龃龉，中间夹杂着与小叔子一家的恩怨，对老公没本事低情商的抱怨，描述了一场长达 23 年的婆媳争斗，整个就是一篇怨妇血泪控诉书。

人的一生，有那么多的事可以做。如果要把几十年的生命都耗费在狗血剧里，那只能说明一点：她自己需要这样的剧情。

就拿两个典型事件来说：

1. 她多年和婆婆同住，不肯分开。理由是“家里只有一套房子，不同住怎么办”。但以她的经济条件，完全可以再租一套分开住。她不肯，一方面是她认为她的情绪不值这个钱；另一方面，是她潜意识里感觉这种纠结缠绕比简单明了的关系让她更爽、更刺激。

2. 她不指责丈夫，只攻击婆婆。这是一种自我界限不清的体现。婆媳问题里，男人必然也有责任。但她不攻击丈夫，因为害怕破坏亲密关系，她分不清自己和丈夫之间的边界，把自己和丈夫视为一个人，倘若攻击了丈夫，就意味着攻击了自己。但同时，她也分不清丈夫和婆婆的边界，将他们视为一个人，将丈夫的问题等同于婆婆的问题。

一个分不清“我”“你”“他”的人，深陷关系旋涡，几乎是必然的。

婆媳关系是一个三边关系。从这个角度来说，两个女人的缠斗，男人脱不了干系。但从另一个角度说，如果两个女人非要缠斗，男人也无可奈何。

你看真人秀里的林志颖，帅气有才又多金，也一样回答不了陈若仪“我和你妈同时掉水里你先救谁”的问题。

我爱你，但与你无关

2004 年，徐静蕾把奥地利作家斯蒂芬·茨威格的小说《一个陌生女人的来信》拍成了电影，将剧情搬到 1948 年的中国。

一个女孩，在 13 岁时爱上了一位男作家。从少女暗恋，到久别重逢，到肉体交欢，她偏执地爱着这个不停将自己遗忘的男人。而他的浪子本性，一次又一次，将她轻抛浪掷在岁月尘埃里。

她爱得孤傲倔强：

“你叫我怎么告诉你呢？你是永远也不会相信一个少女，她曾经也对你这么一个并不忠实的人坚贞不渝过。你也永远不会坦然无疑地承认，承认这孩子是你的亲生之子。你也许会觉得我另有企图，你还会对我疑心，在你我之间会存在一片阴影。一片淡淡的怀疑的阴影。而我是有自尊心的，我要你一辈子想到我的时候心里没有忧愁，我宁可独自承担一切后果，也不愿变成你的一个累赘。我希望你想起我来总是怀着爱情怀着感念，在这点上我愿意在你结交的所有的女人当中成为独一无二的。可是当然了，你从来也没有想过我。你已经把我忘得一干二净。”

这部影片拍得很好，徐静蕾也因此获得西班牙塞巴斯蒂安电影节最佳导演奖。

我曾在公众号文章中写过这部电影，每次都有读者留言：“为一个男人耗尽一生，自我感动罢了，有什么可称颂的？”

影视文学作品区别于现实生活。现实中，我们不会鼓励一个女孩为一个花心男人未婚生子，付出一生。但从情感的层面上，故事中的女主角，确实完成了自我圆满。

作家张爱玲有个金句：我爱你，关你什么事？千怪万怪也怪不到你身上去。

她和茨威格要表达的都是一种自我具足的爱情观——我爱你，但与你无关。

这是一种很高阶的爱的境界。

“我爱你，但与你无关。”因为爱一个人，是我自己的事，我享受我的爱，享受这份爱带给我的所有欢乐与痛苦。

但这个境界太高了，我们凡人很难做到。在现实的婚姻里，我爱这个人，就做不到与他无关，因为我要与他过日子，柴米油盐，养儿育女。有付出，也有索取，对他好，也需要他对我好。我希望我的爱能得到同样的回报。

这就是我们的凡俗的婚姻。它拙朴而真实。

一个人在什么样的能量层级上去爱，取决于他的自我成长到了什么状态。

当一个人的自我未能得到发展，处于原始自恋的阶段，那他的爱就只有控制、索取。

比如，有的丈夫会限制妻子的社交，不让她接触其他人；也有的妻子一听丈夫在外应酬，就夺命连环 Call。

这些控制，通常都会“以爱之名”实施，附上理由“我太在乎你了，太怕失去你，所以才会如此”，听上去深情又感人。

也有人信奉：如果你爱我，就应该主动为我花钱或为我换工作或为我做某事……

一个人的自我在低能量层级上给出的爱，不是真正的爱。因为他的自我没有发展到独立的阶段，只会要求融合、共生，没有边界。这样的人格，在亲密关系里是剥削性的。他们习惯索取，不懂付出。当伴侣达不到他的要求时，就会激发他的自恋性暴怒。

一个自我发展到相对成熟的人，是独立且有边界的。因为自我的独立，他能在关系中将伴侣也作为一个独立的个体，给予尊重。

两个成熟的人相爱，就是既有亲密，又保持独立。在婚姻中，能平衡现实世界与情感世界，在情感世界中有融合，在现实世界中有分工与合作。

至于关系中存在的冲突，对对方的不满，情感中的瑕疵和遗憾，都无关好坏对错。一个真实活着的人，就会遇到这些问题。自我的功能，就在于修复问题。无论吵过多少架，拌过多少嘴，怄过多少气，能在现实中发现问题、修复问题的婚姻，就是“活”的婚姻。

而达到“我爱你，但与你无关”的爱，可以说是一种很高的境界，也可以说是一种升华了的自恋。

它不以伤害任何人为代价，而是追求一种我本具足的圆满。

我爱你，在我心里，我就已经和你在一起了。我爱过，便一得永得。

因为爱你，我的自我得到了扩充与拓展，变得更加丰富而饱满。这是永远属于我的独一无二的体验。与任何人无关。

从这个角度来说，那些喊着“只要钱，不要爱”的人，那些拒绝亲密关系体验的人，真的很亏啊。

因为爱是一种高级情感，是一种极致体验。

刘擎教授对爱情有一个精妙的解读：

当你进入那个浪漫主义爱情的时候，你在世界上，在有一个人那里，你是得到彻底的、无限的、最高的承认，你是最好的。

是的，爱情，是上天给凡人的恩宠。

千百年的神话故事，民间传说，为什么总有那么多的仙女，为了一段情而降落凡间。

爱是会让人痛苦。可不痛一次，不甘心啊。

李碧华的《青蛇》里，白素贞说：小青，生命太长了，无事可做，难道坐以待毙？

即使修炼千年，法力无边，她还是渴望拥有一个凡间女子的爱情。

仙女，妖孽，为什么也会思凡？她们本可以千年万年地活着，却心心念念不顾一切，一头扎进万丈红尘，彻彻底底地去爱一回。嫁许仙，嫁牛郎，嫁董永，放弃做仙女的特权。因为她想要的情爱，是仙界没有的东西。

那些旖旎缠绵，千回百转，那些铭心刻骨的爱与怜，痛与怨。倘若千万年的生命中没有这些极致体验，长生不老算什么？呼风唤雨又如何？只有爱过的人才明白，为何拥抱时渴望瞬间变老，为何恨不能一夜白头，至死方休。

也只有深深爱过的人才懂得：

什么叫“金风玉露一相逢，便胜却人间无数”。

什么叫“若教眼底无离恨，不信人间有白头”。

什么叫“取次花丛懒回顾，半缘修道半缘君”。

或许爱原本就是没有结果的东西。爱的回报不在结果本身，爱在爱的过程中已然完成。

归根结底——爱，让一个人的自我得以升华，得以进化。

爱本身，就是回报。

《桃心话》专栏问答

讲述一：

我是一家国企文员，与现在的丈夫是再婚关系。婚后由于工作的原因，我们长期两地分居。他一年有两个月休假回家。

他不在家的时候，都是我的父母帮我带孩子。父母年纪大，难免有做得不合适的地方。但他每次回来，不但不感恩，还经常挑剔，嗓门大，说话冲。其实有些事他说得有道理，但我受不了他的这种态度，于是我俩一直处于冷战中。这些看似琐碎的小事，杀伤力却足以将感情消磨掉，成为压死骆驼的最后一根稻草。

婚姻对女人，到底有什么意义？

回复：

婚姻中暴露出来的琐事，其实都不是琐事。每一件都指向最本质的问题——情感连接。

如果两个人的情感连接够深，琐事才能被包容，差异才能被理解。如果情感连接不够，那就会表现为指责、鄙视和嫌弃。

选择一段长年异地的婚姻，看似是因为“工作需要”，但实际上，这里面有着更深的原因。

你可能对亲密关系有潜意识的恐惧。婚后以异地的形式保持距离，这让你觉得安全。

你可以以帮忙带孩子为由，名正言顺地和自己的父母生活在一起，这里面有生活上的照拂，也有你不愿与原生家庭分离的意愿。

男人想要一个真正和他亲密的妻子。

你想要一个对父母感恩戴德的丈夫。

你们越吵越绝望，在婚姻里各自孤独。

婚姻有危机。但危机不全是坏事。

借着这个机会去探索自己，探索关系的本质，看到自己需要成长的地方，对你来说，是更重要的事。

男人表现出来的自负，其实本质是自卑。

他有多嫌弃你，就有多嫌弃他自己。

自卑的男人，通常会走向两个方向：

一种是能够自我发展，在伴侣那里得到接纳与尊重，慢慢成为真正自信、成熟、有担当的男人。

另一种是原地踏步，极度敏感，对身边人无休止地挑剔，自己活得卑微也不允许伴侣成功的男人。

如果你能成为一个人格独立、拥有自信和智慧的女人，或许你会直接离开这样的男人，或许你能用自己的能量去影响这样的男人。选择权都在你。

而更重要的是，当一个人完成了自我的迭代，会更容易超越这些琐碎纠结的痛苦，更慈悲地看待人性的破碎与残缺——

那些嘴巴毒的人，心里都很苦；

那些可恨之人，不过都是些可怜人。

讲述二：

距离老公出轨的事已经过去半年多了，日子过得很痛苦。虽然他明确和第三者断掉联系，按时回家，甚至还换了工作，加倍补偿我和孩子，努力修复感情，但我还是控制不了情绪，故意把家里搞得乱七八糟，看着他忙前忙后地打扫，又忍不住有点心疼。我讨厌这样的自己。

一想到从前，就无比心痛，发生了这件事，我们再也回不去了，以前所有的美好都被破坏，十几年的感情留下了污点，不知要如何才能回到从前。

回复：

张爱玲的《半生缘》里写道：

沈世钧和顾曼桢认识，已经是多年前的事了。算起来倒已经有十四年了——真吓人一跳！马上使他连带地觉得自己老了许多，日子过得真快，尤其对于中年以后的人，十年八年都好像是指顾间的事。可是对于年轻人来说，三年五载就可以是一生一世。他和曼桢从认识到分手，不过几年的工夫，这几年里面却经历过这么许多事情，仿佛把生老病死一切的哀乐都经历到了。

顾曼桢和沈世钧，十几年再相逢，这中间，隔了江河奔流，隔了迷失幻灭，一切再也回不去了。

当年读这个故事，我心中无限凄楚。那么相爱的两个人，被误会和谎言、被阴差阳错裹挟，就那么错过了。错过，便是一生。

我们必须承认，这世上，有太多的“再也回不去”。

出轨是婚姻里的创伤，会让信任一夜坍塌，让感情分崩离析。尤其对女性，这份创伤可能久久不能愈合。从这个层面来说，确实一切再也回不去了。

但真正让你痛苦的，也许不是“再也回不去”，而是你“一心想回去”的执念。

变数是人生常态，如何面对变数，才是真正的人生功课。

就算没有经历过出轨，这世上所有的婚姻，都要接受无数个“再也回不去”。生活的枪林弹雨，现实的沟坎丘壑，金钱的贪嗔，欲望的缠斗。开始时我们都认定“愿得一心人，白首不相离”，真正走进婚姻这所修道场，每走一步，每过一关，都是考验。

回不去，并不是多么糟糕的事。亲密关系走到了新的阶段，会面对新的议题。

一个女人，将自己困住的时候，目光所及之处，皆是壁垒。

接受“回不去”这个事实，是对自己更大的慈悲。

我接触过很多因为伴侣出轨改变了人生轨迹的女人。

有人选择了离婚。与过去的生活一刀两断，搬到新的住处，适应新的环境，重建新的生活方式。这是接受“回不去”事实之后的一种方法。

有人选择了修复。成长自我，疗愈创痛，构建全新的亲密关系模式，这也也是接受“回不去”事实之后的方法。

是的，都是回不去了。但不要紧，她们不再频频回首，而是往前看，往前走。

接受生命里的一些残缺和破碎，更好地活在当下，这是强韧的生命力。

旧关系和旧模式，如同一个旧王朝。它覆灭了，但你可以建立新的王国。

痛快去活

第四章

拥抱孤勇的母亲

每位妈妈，都是孤勇者

2015 年我刚刚开通公众号，发了第一篇文章《哪有女人天生会当妈》。当时的我，刚刚从养孩子前三年的焦头烂额中拔出一条腿来，稍稍喘了口气。所以我把这前三年的经历用一种调侃和自黑的口吻讲述了出来，算是留念。

没想到，这篇文章很快被许多百万、千万级粉丝量的大号转发，一夜爆火，冲上热搜。

我才意识到，原来这个阶段，有那么多人是和我一样摸爬滚打、狼狈不堪地走过来的。

这让我第一次真正地看到了“妈妈”这个群体，并开始用文字与她们产生连接。

如今近十年过去，我也在自我探索和自我成长这条路上跋山涉水，进入了更加成熟的人生阶段。再回看那篇文章，仍是感慨万千。

《大学》有云：“未有学养子，而后嫁者也。”这世上没有任何一个女人，是在完全学会了如何当妈妈之后才生孩子的。

即使你的职业是育婴师，是月嫂，即使你帮别人家带过很多孩子，但在当你自己成为真正的妈妈，拥有了自己的孩子之后，这些体验和你带别人孩子的时候也完全不同。

这种感受的区别，只有自己最懂。这场最重要的人生体验，也只能自己来完成。

这注定是一场孤旅，每位妈妈，都是孤勇者。

我经常在深夜收到一些妈妈的留言。

有人说，有了孩子之后经常焦虑、失眠，觉得孤独无助。对老公总有怨言，虽然知道他也不易，但还是忍不住怨恨，恨他不够体贴、不够关心自己，恨自己选错了人。

有人说，因为无人照顾孩子，不得不辞掉工作当了全职妈妈，觉得自己越活越闭塞，没有价值感。

有人说，对孩子有很多愧疚，因忙于工作很少陪伴孩子，感觉自己是个不称职的妈妈。

我还收到一位读者留言，她生完宝宝已经三年，父母、公婆争相帮衬，丈夫也算好人一个，可她总是郁郁寡欢。

她说："我好恨自己这样，但我就是不知道自己怎么了，总想逃出去，逃离这个家。"

我完全能理解这种情绪的撕扯和挣扎。

在初为人母的那几年，我自己也是这种状态。

产后两个半月，我以没有母乳为由，快速重返工作岗位。

孩子三岁之前，我四处出差，顺理成章地逃离家里的一地鸡毛。

我对伴侣横眉冷对，将我所有的"倒霉"都算到他头上，横竖看不顺眼。

我对孩子哭闹极不耐烦，抓狂怒吼之后又愧疚后悔得想撞南墙。

我在出差的异地他乡，呼朋唤友夜夜笙歌，仍逃不过空虚如梦魇挥之不去。

我一度也不知道自己是怎么了。

为人母的喜悦是有的，天伦共叙的幸福是有的，可这一切似乎都敌不过背后那个难以名状的黑洞，能将一切轻松吞没。

那个黑洞到底是什么？我用了很多年去寻找答案。

直到有一天，我和老公因琐事争执了几句，我气鼓鼓地要出门，却被我妈用一贯的口气训斥：“就是把你给闲的，惯出这些毛病！”

那一瞬间，我感觉自己又回到了小时候，无望地站在我妈对面，任她责骂，满腹委屈，哭不出来。

这是我第一次看到“内在的小孩”。

我心里始终住着一个没有成长好的自我。

我生了孩子，并没有成为一个真正意义上的母亲。就如同，我已长大成人却还在穿着儿时的衣服。

当我面对自己的孩子时，我退回到自己儿时的状态，对自己无能为力。

我明白了根源所在——当一个女人内在的小孩没有得到足够的爱与滋养，而在后天又没能获得成长的话，她很难成为一位自然从容的妈妈。

很多中国家庭的标配，恰恰容易是一个神经大条、缺乏共情能力的老公，一个琐碎挑剔甚至刻薄的妈妈（或婆婆）。他们很难给予女性情感上的支持和滋养，不具备疗愈对方创伤的能力，只剩女人在这个黑洞里孤军奋战，做困兽之斗。

这不是最难的。

最难的是，一个女人成为母亲，会触发她曾经与自己母亲的“爱恨情仇”。

这些未必是意识层面的，因为她幼年的经历，很多都没有记忆。

但这些记忆全部存储在潜意识里。当她升级为母亲，就像打开了潜意识的开关，那些不为人知的感受，早年经历过的创伤，对自己的母亲压抑的情感，都将因为自己身份的转变，排山倒海地涌来。

精神分析师付丽娟老师写过一段文字，直击内心：

“除了新手妈妈要担任主要的照顾任务，夜以继日的繁重的养育责任以外，还有一个潜在的危机是，她们无一例外的，曾经被隔离和压抑的被病理性养育的体验，都会被激活，像幽灵一样地飘浮在她们和孩子的关系中。

“她们在还是婴儿的时期，被抛弃、被冷漠、被拒绝、被伤害。她们的母亲因为自身的人格水平或者糟糕的处境，无法给予婴儿需要的身体亲密、安抚、温柔的话语、凝视。这让婴儿痛苦和绝望。为了存活下来，婴儿必须很早就发展保护的方式，将痛苦的情感压抑下去。

“如果这种防御可行，她们中大多数人，也许能勉强着生活、工作。但是，如果她们成为母亲，面对着她们的孩子，早期的创伤性体验会弥散开来，防御也会逐渐崩解，原本比较有序、比较稳定的心理世界，会像融化的冰河，让支撑着她们精神力量的结构，一块一块坠入冰河。”

这是女人在面对妈妈这个角色升级时的难言之痛。

如果一名女性，在她的成长历程中没有被母亲好好爱过，没有被家庭好好养育过，那在她成为母亲之前，她最重要的人生功课就是自我养育，善待自己。

如果她已经幸运地完成了这个过程，治愈了大部分的创伤，当她在成为一位母亲的时候，她就能够天然地释放母爱，拥有对孩子本能的接纳与祝福。

如果在她成为一个妈妈之前，仍然陷在以前的模式中，那很可能在她成为妈妈之后，面临的挑战就更加巨大。

超越原生家庭桎梏和影响，这需要一个人极大的勇气和智慧。

就像古话中说的“多年的媳妇熬成婆”，如果一个女人在曾经做媳妇的时候被婆婆虐待过，那么在她成为婆婆之后，可能会走向两个方向：

一个是像当年婆婆对待自己一样去对待她的儿媳妇，这是轮回；另一个可能就是她超越了自己的经历，能够共情作为媳妇的年轻女性，善待她们，不让自己受的苦在另一个女人身上重演，这是非常了不起的。

在当妈妈这件事上，这种轮回显得更为隐蔽。

因为我们的意识当中，妈妈没有不爱孩子的，母爱都是伟大的。

但是在实际养育孩子的过程当中，一个女性会用隐性的、不易察觉的、难以解释的方式去重复当年母亲对自己做过的事情，或者她很难有充沛的爱来对待自己的孩子，尽管意识上她是爱孩子的，但因为爱的能力的匮乏，她仍然会陷入巨大的困扰之中。

不是每个女人都有幸拥有足够好的原生家庭，也不是每个女人都有幸找到自我完整、能够疗愈自己的伴侣，也不是每个女人都有足够的觉知能看到自己残缺破碎的内在小孩 。

大多数时候，她们挣扎着、强撑着，或许在职场和工作上，她们能力超群、所向披靡，而一回到亲密关系里，那种破碎便无处逃遁，暴露无遗。

所以，重新养育自己，成长为一个真正的母亲，对女性来说是一场漫长的修行。

但庆幸的是，这条路虽然不易，但也异彩纷呈。

因为生育，女人得以拥有这样一个宝贵的机会，去回看、去审视、去探索自己的过往中那些隐秘的角落，那些难以言喻的情感。

有多少障碍，就有多少可能；有多少瓶颈，就有多少突破。

即使如孤身走暗巷，因为这份孤勇，每位妈妈就已然完成了一次重大的成长。

成为母亲，是一场重生

成为母亲，是一个深邃的话题。

一位女性，在生理上做好了当妈妈的准备，比如，锻炼身体，补充叶酸，及时孕检，重视营养，学习胎教……当分娩的那一刻到来，她便成为一位生理意义上的母亲。

但成为心理意义上的母亲，却有很长的路要走。

因为养育一个生命，我们得以深深地照见自己——人格深处的自己，亲密关系中的自己，家庭系统中的自己。

这些真实自我的照见，可能会带来巨大的冲击。它让我们不得不重新去面对、去认知自己。

成为母亲，带来对生命的感动与震颤。如作家廖一梅所写：

“我曾经努力在世界和我之间建构一道屏障，现在我清楚地知道，这道屏障的致命缺口出现了，这个小小的缺口会引来滔天洪水颠覆我的人生，把我从一个自由自在的任性女人，变成一个牵肠挂肚的母亲。

“平生第一次，我对死亡产生了恐惧。我竟然产生了想要永远活着的愚蠢念头，不是因为贪恋，而是因为挂念。我曾经以为爱情是最不理智的感情，原来还有别的。”

成为母亲，带来对人生全新的思考。像张晓风在《初雪》中写道：

“你来的时候，我开始成为一个爱思想的人，我从来没有这样深思过生命的意义，这样敬重过生命的价值，我第一次被生命的神圣和庄严感动了。

“因着你，我爱了全人类，甚至那些金黄色的雏鸡，甚至那些走起路来摇摆不定的小树，它们全都让我爱得心疼。

“我无可避免的想到战争，想到人类最不可抵御的一种悲剧。我们这一代人像菌类植物一般，生活在战争的阴影里，我们的童年便在拥塞的火车上和颠簸的海船里度过。而你，我能给你怎样的一个时代？”

总之，这个过程可能会伴随着巨大的冲击，可能会带来深深的怀疑，可能会出现从未有过的阵痛。

这些压力和风险，也同样都是机遇和成长。

成为母亲，会激活我们心底深埋已久的创伤，让它重见天日，有机会得以疗愈。

被隐藏的伤口不会自动愈合，它往往只是被压抑和掩埋，但它的影响并没有消失，无时无刻不在生活中重现，影响着我们的思维模式和行为模式，只是我们未必能意识到。

比如我自己，对待工作细致认真，但在有了孩子之后，我发现我对孩子非常缺乏耐心：陪他玩玩具，我一会儿就开始烦躁；面对他的哭闹，我会忍不住怒吼。

我才意识到，我的“缺乏耐心”背后，有一个巨大的创伤，就是我在年幼时不曾被妈妈耐心温柔地对待。

我记忆中，妈妈在服装厂上班，工作非常紧张，加班是家常便饭。我印象中她大部分时间都是板着脸，急匆匆地给我布置任务，然后赶去上班。

这份不耐烦深深印在了我的人格底色中。后来我也成了一个很容易不耐烦的人。我不喜欢做事慢的员工，觉得他们工作效率低下。我习惯在工作中发号施令，催促别人。

由于我在职场中是管理者身份，所以这个多年的问题并未遇到太大的挑战。

但到了养孩子这里却完全行不通了。我必须耐下心来，尊重生命成长的规律，接纳作为一个孩子自带的特质。

它让我看清了我生命中极为匮乏的东西，并让我明白，我想多接纳孩子，就必须先接纳自己。

于是我在孩子 8 个月的时候，开启了心理学的学习。现在回头看，这个决定，几乎改写了我的人生。

而这份敢于改变的勇气，是孩子带给我的，是妈妈这个全新的角色带给我的。

如果不是因为养育孩子，可能我还在为自己的“高效率”而沾沾自喜，永远学不会慢下来，拥有静待花开的智慧。

成为母亲，让我们有更多机会认清自己，探知未知的自己。

在有孩子的前三年，是我和爱人吵架最多、冲突最频繁的三年。我极度焦虑，每当他的育儿意见和我的不一致时，我就如火山爆发般愤怒。

比如孩子生病，我说要去医院，他说再观察一下体温看看，我马上就会怒不可遏。

其实他的建议没有错，但我已经被恐惧淹没，想象孩子一发烧，就容易引发肺炎、脑炎、高热惊厥，甚至影响智力发育……

由于我自身安全感的缺失，我把孩子每一次出现的问题都做了灾难化的想象。

而我的伴侣是个安全感很足的人，他认为小孩子生病是难免的，而且生病也是人体激活免疫系统的方式，完全不必大惊小怪。

这些差异让我们产生冲突，但也是因为这些冲突，迫使我必须进一步认知自我，看清自己在关系中的模式，从而去完善自我、修复自我，学会客观地看待问题与接纳问题。

成为母亲，让我们更加热爱生命，珍重自身。

养育孩子，是家族的繁衍，也是生命的传承。因为要对一个小生命负责，所以我们愿意成为更好的自己，去精进、去努力、去创造，看到世界的美好与生命的珍贵。

那个小生命对妈妈无条件的信任和依恋，让我们更加信任自己，让我们的人生扩容，人格变得更加丰厚且有弹性。

再累再难，当妈妈的人，都能从灰蒙蒙的生活里，变着法儿地开出花来。

是无形的花海，无声的星空。

是蝴蝶过沧海，是轻舟过万山。

是无论如何，也要好好去生活的决心。

成为母亲是辛苦的，但这个机会是如此宝贵。能去孕育一个生命，参与孩子的成长，托举孩子走向更辽阔的世界。在这个过程里，我们也重新养育了自己，重新活了一次。

这是何其幸运的事。

屏蔽别人的声音，做真实的妈妈

我去看望一位刚生完孩子的女友，她很失望地对我说：这个孩子，性子太急了。

这样说的原因是，她的孩子一感觉饿，如果没有马上把奶喂到嘴边，孩子就会号啕大哭，甚至哭得满脸发紫。家里人都说，这个孩子是个急性子，以后脾气会不好。这令她非常焦虑，觉得这个孩子性格不好，担心他以后做事没有耐心，长大后会成为一个暴躁的人。

其实她不知道，婴儿都是这样的。

只要这个孩子健康，没有先天疾病和缺陷，有正常的体能去支撑他号啕大哭，那他一定会在饥饿的时候显得非常急躁，极度饥渴。

因为刚出生的婴儿还活在全能自恋当中，他的世界里没有别人，他认为自己就是全世界的中心，他和整个世界是融为一体的。所以只要他一感觉到饿，就要求马上有奶喝，但是无论母乳还是冲奶粉，这其实都需要一个过程，哪怕用最快的速度，可能也会有几秒的延迟，但这几秒时间，就足以让婴儿感到愤怒。这些都是正常的。

如果妈妈不懂得这一点，就会误认为自己生了一个极度暴躁的孩子，进而对自己产生攻击，而事实上这个小宝宝也并不知道他这样的表现，可能会吓坏妈妈。

如果一名女性没有稳定的自我内核，在成为妈妈之后，她就很容易迷失在海量的外部信息里。

可能今天她的妈妈告诉她应该这样做，明天她的婆婆又告诉她应该那样做，后天又从某位专家口中得知这些做法都是错误的，大后天又看到某一本书里面反驳这位专家的观点，似乎永远有人在告诉她应该怎么做，似乎永远有人教导她更正确的做法是什么。于是她陷入更大的迷茫和焦虑之中。

实际上，一个女人在成为妈妈之后，她最需要的是被允许。允许她慢慢通过自己内心的体验和感受，和孩子在现实中建立互动与连接，她会在这个过程当中，不断地体验和发现新的内容，丰富自己的内心，和孩子之间的连接也日益加深，在这个过程中她自然而然地就能学会那些所谓的育儿技巧。

这和七姑八姨指导她最大的区别在于，这个过程她是愉悦的、放松的，而不是紧绷的、不安的。

当妈妈处在愉悦放松的状态里时，给孩子喂奶、洗澡、换尿布，她能够乐在其中，这对孩子来说也是最大的快乐和享受。

在育儿过程中，为什么很多妈妈并不是享受，而是焦虑和不安？是因为她们在乎太多的声音，这份在乎背后是极大的恐惧——恐惧自己不能成为一位好妈妈，恐惧自己不能养好一个孩子。

当妈妈被这份恐惧淹没的时候，她可能会厌恶自己，厌恶妈妈这个身份，懊恼自己为什么要生孩子，甚至会恨这个孩子打破了她原有的生活，让她变成一个不自由的人。

这对于新手妈妈来说是一个比较糟糕的状态，因为这个状态会直接影响到孩子，影响到母婴关系的连接。

越恐惧、越不安。越不安、越控制。

我见过最焦虑的妈妈，在孩子睡着的时候会忍不住将手放在他的鼻子底下，去试试孩子是否还有呼吸，确认孩子是否还活着。

也有的妈妈在孩子醒着的时候，就想尽一切办法去逗孩子，希望他笑。如果孩子不笑，或者表现出不开心的情绪，妈妈就惴惴不安，如临大敌。

这不能全怪她们。

所有心理学家都主张，在一个孩子刚出生的头一年里，要无条件地给予满足，这将为孩子以后的人格形成打下最重要的基础。

但现实中很多人都忽略了，要做到无条件满足孩子的人，最重要的人是妈妈。能让妈妈给予孩子更好的满足，她需要自身拥有健康的人格，更重要的是让她得到好的照顾和保护。所以，在养育孩子的前期阶段，爸爸和家庭最重要的任务，就是支持妈妈。

而对于妈妈，她要做的最重要的事就是遵从内心，信任母爱的本能，屏蔽别人聒噪的指手画脚。

不允许妈妈去享受成为妈妈的感觉，是一件极其残忍的事，甚至还有很多人在教唆女性，生完孩子之后要尽快地返回职场去工作，不能因为有了孩子而丧失自我和所谓的社会价值，这是一种绑架。

想工作就去工作，想哺乳就去哺乳，喜欢和孩子在一起就充分去享受和孩子在一起的时光，任何外界的枷锁都不该强行绑在女性身上。

面对他人的指责和质疑的时候，我们需要清楚，那只是他自己的信念。比如一个人告诉你没有母乳喂养，孩子就不健康。你要知道，那只是他的认知。即使奶粉在某个程度上无法完全替代母乳，但也绝对不存在“喝奶粉的孩子就不健康”这样危言耸听的观念。我们完全可以选择不听他的话。

并不是说那些科学的育儿指导不重要或不值得相信，而是这个前提应该基于母亲是放松的状态，是对自己有信心的，而不是在兵荒马乱的状态下过度依赖别人的建议。

所有成为妈妈的女人，都需要对自己有一个基本的信念，那就是：我可以成为一个妈妈，即使有做不到或者做不好的地方，即使有很多失败的地方，但这也不是什么大不了的事儿，我仍然有无数的机会可以修复。没有人有资格来苛责我、教训我。

不要苛责自己母乳不够，身材走形，不要自我攻击，不必去做一个完美妈妈，不要被那些“带孩子的同时考出什么证书”“产后多少天迅速恢复苗条”的毒鸡汤侵害。

在成为妈妈之后，一年或者两三年，很多女性会感觉到对外界失去兴趣，记忆力下降，工作能力下降，对其他事情的热情都在下降。

那也不必指责自己，因为激素的变化和母爱的本能，让我们把世界缩小到了这个小小的生命身上，你只需要去享受就好，这只是一个过程。随着孩子慢慢地长大，这份力量会重新回来，你会拥有更大的世界，拥有更多的力量去应对外部的挑战。

这也是为什么几乎所有人都承认：一名女性在成为妈妈之后，她的综合能力和人生格局都会大大提升。

因为她的人格变得更加坚韧而成熟。

谁带孩子？隐形的权力争夺

有一次在我们的读者群里，有人提了一个问题：

“那些跟自己的儿媳 / 女儿抢孩子的婆婆 / 妈妈，是什么心理呢？”

当时群里有人回应说：“帮你带孩子还不好？多省事啊，不用自己那么累！”

实际上，能为这个问题而苦恼的女性，她感受到的是肯定不只是“帮自己带孩子”这么简单。

现实中，的确有的女性长辈，会跟自己的儿媳 / 女儿“抢孩子”。

比如电视剧《双面胶》里的婆婆。

在丽娟生完孩子从医院回到家中之后，婆婆一直把孩子抱在身边，不让孩子和妈妈接触，声称是为了让丽娟好好休息。

她让丽娟在楼上睡觉，自己和保姆把孩子带到楼下，寸步不离，俨然像自己生的孩子。

之所以肯让保姆抱，是因为这位保姆是她从老家找来的亲戚，是天然的同盟，是协助她抢夺孩子的帮手。

这其实是一场“夺子之战”，硝烟密布，暗流涌动。

不只是婆婆，有的妈妈也会如此，以让女儿“放心工作”或者“少受点累”为由，将孩子据为己有。

我的一位读者就有这样的经历。

她生下女儿之后，孩子的一切都由她的妈妈负责，没有任何她插手的余地。每当她想要做点什么，她的妈妈，也就是孩子的姥姥，都会以一句“你不用管，顾好你自己就行”来回绝。

她感觉，自己当妈妈的权利被剥夺了。

无论是电视剧中的丽娟，还是现实中的这位读者，她们这种“被剥夺了当妈的权利”的感觉，是真实的。

但凡懂一点心理学的人，可能首先会想到“界限”的问题。这样的长辈，明显是界限不清，在养育孩子的过程中“越界”了。

除了界限这一点之外，我觉得这背后还有更深入的因素值得探讨。

它呈现的表象是两代人抢着带孩子，老一辈热切地帮助小一辈带孩子，但事实上，冰山之下，有更庞大复杂的部分。

首先，帮忙带孩子本身没问题。当下紧张忙碌的社会中，几乎没有几个小夫妻能在不靠两头父母帮忙带孩子的情况下还能正常工作。

如果有区别，就是在于这个家庭中，养育孩子的主体是谁。

如果父母、公婆只是“帮忙”，主体仍然是孩子的爸爸妈妈，那就没有问题。

如果父母、公婆越俎代庖，取代了孩子的爸爸妈妈，甚至将孩子的父母边缘化，自己过度跟孩子捆绑，那就有问题了。

因为家庭里的角色位置，发生了混乱，打破了平衡。

家中的婆婆或妈妈，看上去无私付出、任劳任怨，为了帮衬子女的小家庭。但实际上，她们是需要这个孩子，弥补自己当年在养育中的遗憾，满足控制感。

这些动机隐藏在潜意识深处，极其不易被察觉。

细说两种情况：

第一种：这个母亲在自己当年为人母的时候，就没有尽到母亲的责任，缺席了对孩子的养育。

这个缺席，不一定体现在时间和空间上。

有人天天在孩子身边，但在孩子成长过程中，她的情感是闭锁的，并不能全身心地投入这段养育中。当隔代的孩子出生之后，她会格外需要用养育这个孩子，来完成自己内心深处的未完成之路。

所以，在意识层面，她清楚这个孩子是自己儿子 / 女儿的，但潜意识层面，她把这个孩子当成了自己的。

在过去的时空里，有一个巨大的坑洞，令她需要用重新养育一个孩子来填平。

所以这一类母亲，在隔代养育上会格外用力，也格外控制，很多时候，她们会将孩子的亲生父母排除在外，尤其是孩子的妈妈，因为那是她的孩子，是她最大的竞争者。

第二种：母亲本身自我价值感就偏低，她需要在一代代养育孩子、吃苦受累的过程里，呈现和强调自己的牺牲和付出，以便实现某些隐形的控制。

比如我的那位读者，每次在她有情绪或者表达不满和建议的时候，她的母亲就会训斥：

“我辛辛苦苦给你带孩子，还带出错来了？你们什么都不用干，进了门就吃现成的，还有什么不满意的？”

继而崩溃大哭，以“不带了”“回老家”相要挟，直到女儿安抚、求和、挽留。

在这样的关系里，最痛苦的莫过于这些媳妇 / 女儿。

如果她们屈从，便真正成为被剥夺了妈妈资格的人，只是一个生理上的母亲，而不是真正养育孩子的情感上的母亲。

更残忍的是，如果这些体验缺失，她们成为奶奶 / 姥姥之后，也很有可能用同样的方式，去抢夺隔辈的孩子。因为她们内心也有一个巨大的坑洞需要填平。

所以，意识到这一点，所有的妈妈就能清醒地明白：养育自己的孩子，是天然的职责，不可以被任何人剥夺。妈妈这个身份，不必受任何人控制。长辈、亲戚、保姆，都可以帮忙、可以看护、可以辅助，但不可以越俎代庖，取代妈妈的位置，影响妈妈与孩子的连接。

孩子的父母，永远是承担养育的主体。

这也是所有丈夫和家庭应该给予妈妈支持的原因。

当一个妈妈拥有了这样的信念，得到了这份支持，她便会生出无数信心与勇气，养育孩子的辛苦，才有可能成为她甘之如饴的动力。

孩子最不需要的，就是“完美妈妈”

几乎每一个当妈的人，都有过“用力过猛”的时刻。

只要跟孩子有关的事，桩桩件件都要全力以赴，力求完美。

这些几乎成为超人的“完美妈妈”，往往心里对自己都有很多的评判——

如果我做得不够好，就意味着我不尽责；

如果孩子养得不够好，就意味着我不称职。

我自己就曾有过许多亲身经历。

我儿子 4 岁的时候，有一个周末他想去商场里的游乐园玩。我那天刚赶完一个工作方案，累得头昏脑胀。但想到已经有一周没陪孩子了，心里内疚，于是强打精神带他去了。

我无精打采地陪他进到球池里玩球，心里却只盼着他快点“耗完电量”，回家睡觉。

玩了半个小时，我自己的电量先耗光了。在他无意中用一个塑料球打中了我的左眼时，我歇斯底里地爆发了：

“你干什么！别玩了！”

其实那种塑料球很轻，打中眼睛也没有多疼，但它引燃了我的情绪，令我瞬间烦躁难耐。

孩子被我吓哭了。我却数落他非要来游乐园，来了又玩不好，瞎折腾，浪费时间。

回到家，我情绪平复之后，心里无比自责。

其实决定陪他去，是我违心的选择。去了之后不开心，也是我真实的感受。

我却把这一切责任都推到一个小小的孩子身上。

因为如果不这么做，我就得面对“我不是好妈妈”这种自我审判。这是那个阶段的我，无法承受的。

为什么明明那么辛苦，还想要如此执着？那些想当“完美妈妈”的女人，不觉得累吗？

当然累，但停不下。

因为我们内心都有一个严厉的超我，一个“完美妈妈”的化身，无时无刻不在严格考核着她。

孩子生病，受伤，个子不够高，成绩不理想，一切都在考核范围之内。

因为这个超我太强大了，严重打压了自我和本我，那些疲惫、辛苦、委屈、想休息的感受都不重要了，一切都要为超我让路。

于是强挨着、死撑着、咬牙坚持着。直到有一天，彻底透支，完美假象彻底破碎。

妈妈在孩子不在家的时候可以从容地做自己，很潇洒地去瑜伽美容，做一切自己喜欢的事儿，但是当孩子一回到家中，马上就要求自己像个妈妈的样子，必须去照顾孩子，但在这个过程中，她又明显地感受到了压抑和委屈。

同样是因为，这个时候超我冒出来了，它将“妈妈”的身份置顶，因为是妈妈，所以不能去享受、不能去放松，必须为孩子鞠躬尽瘁、殚精竭虑。

在这样的超我之下，自我和本我被严重压抑。有压抑就一定有委屈，这个委屈同样会在某一个节点以各种各样的形式爆发出来。

完美其实是一种幻象。自我弱小、人格脆弱的妈妈，最容易被这种幻象迷惑。她们压抑身体的感受，忽略现实中的个体差异和能力区别，一味活在幻想里。

同时，完美妈妈对孩子的投射也格外多。

因为自己弱，所以她们会投射性地认为孩子也弱。如果自己不去照顾孩子，不去满足孩子，孩子就会受伤，就会承受不了。

其实这都不是现实。

但潜意识的神奇之处，就在于它可以创造现实。

妈妈对孩子投射的弱越多，孩子吸收的就越多，就越容易真的发展成一个弱的孩子。

于是，完美妈妈需要做的就越多，就越累。这个循环，就会一直这么玩下去。

要打破这个循环，唯一的方法就是妈妈活成真实的自己。

什么才是真实的自己？

诚恳地面对自己，诚实地向孩子表达。

孩子想让你陪他玩，如果能陪当然好，如果特别累，那就如实地告诉孩子：妈妈今天很累，陪不了你了。我们可以约个别的时间，我也很想和你一起玩。

如果孩子想要一件礼物，因为价格太高而不能买，妈妈也无须自责。

诚实地告诉孩子，这个价格的东西是我们目前负担不起的。

孩子可能会失望，但妈妈是真实而坦诚的，这件事就不会成为他的创伤。

妈妈再能干，再优秀，也总有无法满足孩子的时候。

这些无法满足的时刻，会让孩子发展出接受瑕疵的能力，让他逐渐知道，父母不是全能的，他们会通过发展自己的能力，尝试用不同方式满足自己的需要。

什么样的情况才会对孩子造成创伤？

是对孩子需求的评判，是“你不应该有这种要求”的指责。

孩子想让妈妈陪他玩，这个需求本身没有错。

但如果妈妈自己没有能量，去指责孩子："你看不到妈妈很累吗？你怎么这么不懂事，一点也不知道心疼妈妈！"

孩子就会产生深深的内疚感。

孩子想要贵的礼物，这个需求本身也没有错。

但如果妈妈先入为主地给孩子贴上"攀比"的标签，就会把对自己"买不起"的愤怒转嫁到孩子身上，"爸爸妈妈挣钱多不容易，你要这么贵的礼物，好意思吗"？

孩子就会产生极大的羞耻感。

这些才会成为创伤。

需求可以不被满足，但它本身不应该成为耻辱。

经过自我成长、能量提升的妈妈，不会去随意评判孩子的需求，只会如实地告知孩子，这个需求为什么无法得到满足。

妈妈的拒绝，并不会影响和孩子之间爱的流动。真实的妈妈，真诚的表达，会让孩子感受到"虽然我的要求没得到满足，但妈妈仍然爱我"。

孩子的成长，需要什么样的妈妈？

需要温尼科特说的"足够好的妈妈"。

需要尹建莉老师说的"60 分妈妈"。

需要曾奇峰老师说的"阳光而马虎的妈妈"。

唯独，不需要"完美的妈妈"。

放弃完美幻想，每位妈妈都能活得更加真实，更有力量。

真实的妈妈，才能引领孩子，去触摸这个真实的世界，活出真实的自我。

你给不出自己没有的东西

当妈十几年，我在早年养育孩子的过程中犯过很多错误，留下很多缺憾。但有一点我做得非常好，就是早晨喊孩子起床。

我其实并不是个有耐心的妈妈。但在早上叫孩子起床这件事上，我有百分百的耐心。

一遍不行就两遍，两遍不行就三遍。而且我从不大声叫喊，更不命令呵斥，我会轻轻摸摸他的小脑袋，在他额头亲一下，然后轻声地、温柔地对他说：宝贝，该起床啦！

相比之下，一向比我更包容、更温和、更有耐性的老公，却在这件事上远远不如我。

我有时叫到第二遍，他就会不耐烦：都这么大了，让他自己定闹钟，不要叫他，让他自己起！

如果单看这一件事，可能所有人都会以为，我是一个无比温柔的妈妈，他是一个天生急性子的爸爸。

事实却恰恰相反。和他相比，我大部分时间都是耐心不足的。

但为什么单单在这件事上，我俩反过来了呢？

因为成长经历。

我从小特别爱睡觉，早上起床困难。尤其是上初中之后，六点半就要到校早读，睡眠严重不足，每天起床都极其痛苦。

但我爸爸对我极有耐心。哪怕要叫我十几二十遍，他也没有任何不耐烦的情绪。他还经常会想方设法搞出各种吸引我起床的办法。比如：

下雪了，有麻雀落到院子里找食吃，快起来看！

今天好热啊，你可以穿你的红裙子了！

咱家的狗昨晚生小狗了，生了五只，太好玩了！

睡眠不足虽然很痛苦，但因为爸爸的耐心和有趣，起床这件事，留在我生命中的都是好的体验。

所以我非常理解小孩子不愿起床的感受，也非常包容想要赖床的行为。

因为我对这件事“底层代码”是好的，所以我没有情绪，我愿意用温柔有趣的方法叫醒一个小家伙。

而我老公在早年被姑姑带到外地上学，寄宿在姑姑家里。姑姑是位大学教授，很重视教育，同时也严格管理他的作息和学习习惯。

姑姑给他规定，每天早上六点，自己必须定时起床，然后背英语单词。这些经历让他有很大的获益，养成了自主早起、自主学习的好习惯。但在起床这件事上，他极其看重“自律”。

所以，当他成为人父，也很爱儿子，但在这一点上，他给不出和我一样的耐心细致。

这无关能力，只是一种规律——我们很难给别人自己没有的东西。

而养育，恰恰是最容易陷入轮回的事情。

你曾被父母如何对待过，你就很容易用同样的方式对待孩子。

你在早年吃过什么样的苦，你可能就会无意识地想让孩子吃一吃这种苦。

你在成长过程中有过怎样的体验和感受，你就会本能地将这些感受投射给孩子。

所以我们总是能看到：

不曾被父母耐心养育的人，有了孩子之后也一样缺乏耐心。

曾经被暴力对待的人，也习惯用暴力解决孩子的问题。

不曾得到过爱与自由的人，对孩子也容易充满控制。

早年被冷落、被忽视，被压抑情感的人，总是很难回应孩子的情感需求。

这一切都是因为，我们自己没有得到过。

所以回到原点，爱孩子，首先是爱自己。不爱自己，就无法真正去爱孩子。

而养育孩子的最伟大之处在于，给予孩子我们自己曾经没有的东西。

因为给出自己有的很简单很容易。就像你有钱，就可以拿去给孩子花。

但你没有的东西，你需要先自己给自己，让自己拥有，让自己体验。然后你才能够将它给到孩子。

这个过程，是疗愈自己的过程，更是阻断创伤代际传承的过程。

而我们自己幼年时期的匮乏体验，终于通过自我成长，终结轮回，不再代代相传。

青春期，检验父母人格的关键时刻

曾经有个调查，问题是：中年人最怕什么。

累计投票前三的答案分别是：

处于青春期的孩子。

失业。

没钱。

青春期的孩子，竟然超过了“失业”和“没钱”，排在中年难题的第一位。

为什么这么难？

因为青春期孩子对父母最大的挑战，并不在于所谓的耐心或方法，而是检验父母人格的承载和弹性。

如果父母自己的人格弱小，分化未完成，那他们在青春期这个特殊的阶段，面对孩子日渐蓬勃的自我意识，会感到无所适从，进而激发恐惧。

因为孩子变化了，不听话了，意味着“失控”了。

除非父母自身具有很强的觉知力，能够将向外的聚焦转为向内的觉察，否则这种恐惧会让他们更想控制孩子，将孩子的自我死死按住，以求自己的安全。

但生命的生发力量是按不住的，就如同种子破土会顶开沉重的石头一样。孩子最终会以各种各样的方式挣脱父母的掌控。

带着觉知和智慧的父母，会在这个过程中和孩子共同完成一次蜕变和成长。

而缺乏觉知和智慧的父母，只会抱怨自己养了一个白眼狼。

去年一位闺密向我控诉青春期女儿的N宗罪。

比如，阴晴不定，脾气差，上一秒开着玩笑，下一秒就翻脸无情。

比如，抗拒沟通，一回家就进屋关门，一句也不愿和爸妈多说。

比如，排斥家族聚会，每次都找各种理由不参加。

更让她受不了的，是女儿对爸爸的态度。

这位闺密的老公是个女儿奴。从当爹的第一天开始，这个人高马大的汉子，就有了此生软肋，日日把宝贝千金捧在手心里，女儿从小也跟爸爸特别亲。

一晃小女孩长成了大姑娘，自从上了高一之后，青春期各种状况接二连三，女儿对爸爸的态度越来越差。

闺密举了一个日常例子：女儿上学的学校离家很近，步行十几分钟，路程也很安全，晚自习之后完全可以自己步行回家。

但老公为了每天能有一段单独陪女儿的时间，每晚都提前去固定的路口等着——不能离学校太近，他知道女儿不希望让同学看到自己需要家长接；又不想离学校太远，因为走不了两步就到家了，还没陪够。

路灯下的老父亲，见到女儿之后先接过沉重的书包，然后，尽量找点女儿感兴趣的话题聊一聊。

女儿呢，心情好的时候，就跟爸爸说说，这一天在学校吃的啥、喝的啥、发生了啥，父女俩一路聊着回到家。

心情不好的时候，就一言不发，跟没听见一样，拉着脸自顾自地走，仿佛身后的老爸是空气。

闺密好几次忍无可忍。一方面觉得女儿太自私，不够尊重爸爸；另一方面又觉得老公太卑微，把孩子惯得不像话。

她气得要命，但老公丝毫不觉得这是个事儿，心态超好，反过来劝她“跟自己孩子置什么气”，第二天晚上又乐颠颠地去了。女儿愿意聊的，他就陪着聊。女儿不愿理的时候，他就默默跟在后面。

闺密怎么想都气不过。替老公抱不平，质疑自己怎么把孩子养成了这样，一度觉得女儿简直像个“渣女”。

在我看来，女儿能在爸爸面前如此释放情绪，其实恰恰是他们养育得好的表现。

爸爸让孩子感觉到安全且强大，安全到可以任由她做自己，强大到可以承载她所有糟糕的情绪。所以她敢真实坦露自己。

我非常佩服闺密的老公，这是一位难得的好父亲。

他用足够的爱与接纳，为正在经历青春期动荡的女儿，提供了一个容器，承载得住她的所有负面情绪，为她托了底。

他始终平和，稳定，用很多很多的爱，来接纳这个在别人眼里有点“自私”的女儿，而不是钢牙咬碎的忍耐，也没有卑微的牺牲感。

这样的父亲，绝对是一个女孩人生中的“第一桶金”。

他为她打下了两性关系的基石——爸爸是爱我的，爸爸是安全的，爸爸是稳定的。

她坚信自己，是值得被人呵护与珍爱的。

这个根植于心的信念，在未来，会经由爸爸，支撑她与这个世界的其他男性去认识、了解、交往，直至进入成人的亲密关系，去获得与给予同等品质的爱。

这样的女儿，是幸运的。

我非常能理解青春期的孩子，是因为感同身受，我自己也经历过极为动荡的青春期。

那些被别人认定为“没礼貌”“自私”“任性”的行径，我统统都干过。

我当年，也曾和闺密的女儿一模一样。在我爸面前拉着一张脸，爱搭不理，被问多了就嫌烦。

心情很糟的时候，我一句话都不跟他说。遇上大雪天，我不敢骑车，我爸就用自行车来接我。

我闹起脾气来，死活不肯坐，也不吭声，就深一脚浅一脚地自顾自地往前走。我爸也不生气，就默默地推着自行车跟在我身后。

直到我走累了，把书包往他车筐里一扔，人往自行车后座上一坐，我爸就乐颠颠地蹬起来，仿佛什么都没发生。

整个青春期我都是这么拧巴着过来的。

其实我心里很自责，很心疼爸爸的辛苦。可我没有办法消解自己那些糟糕的情绪，无力处理内心那些强烈动荡的冲突。他是我情绪唯一的、安全的出口。

因为有这个出口，我的生命力得以拥有了一个源泉。即使现实仍有太多令我痛苦的人和事，但我的潜意识里记下了——这个世上，始终有一个人，对我的爱，永不消失，且无任何条件。

时至今日，我都确信，我人格中所有强大的力量，全都源自于此。

这份能量，也让我在情感路上绕开了渣男的坑——因为在很早很早的时候，就被父亲全身心地爱过，所以此生，都不会为任何男人轻易折堕。

我始终认为，青春期是一个孩子成长过程中非常艰难的阶段。

他们一只脚踏入社会，开始看清人世间真实存在的虚伪与丑恶。

另一只脚仍在家里，眷恋着家庭的温情和父母的怀抱。

这份割裂与撕扯，让他们面对巨大的内心冲突，想独立，又想依恋。想挣脱，又心存恐惧。

他们还要面对自恋人格的破碎，童年梦幻的破灭，理想化父母形象的崩塌……他们要在荷尔蒙的刺激下，经历一次次情绪波动、崩溃，再一次次将碎片拾起，拼接，重新整合。

当然，这个过程的激烈程度，因人而异，各不相同。

对于天性敏感的孩子，和早年成长中经历创伤的孩子，这条路，将格外艰辛。

所以现在，每当我对青春期儿子有情绪的时候，我就让自己做四件事：

1. 停下来，从情绪中抽离出来。

2. 回想自己在他这个年纪的时候，经历过什么。

3. 想一想自己当年，希望父母如何对待自己。

4. 把担忧和焦虑，转化为祝福。

我越来越意识到，父母其实是孩子的“备胎”。

孩子的长大，就是要“无情”地抛下我们的牵绊与不舍，头也不回地奔向更大的世界。

而父母作为“备胎”的存在，就是让孩子安心去驰骋，让他知道永远有后盾。当他撑不住的时候，还有“备胎”可辅助，还有人会陪他一起扛。

再回头看我们的父母，他们又何尝不是我们的“备胎”？一直守望，始终守候，永远守护。

从这个角度来说，生命或许注定是一代代轮回的亏欠。

我们如是，我们的孩子亦如是。

被误读的“为母则强”

有一天我在家写稿，听到邻居家一个女人带着哭腔的怒号：

“你们冲我喊什么啊，有本事你们教啊，到现在 26 个字母都记不住，怎么就不能说他？啊？孩子怎么就不能说了？行，从今天开始我不管了，你们教吧！我就看看你们能教出什么样！”

一阵稀里哗啦声，应该是书本散了一地。

这是一位崩溃的妈妈。

无论她此前付出过多少，在因为孩子没学会 26 个英文字母而训斥了几句的那一刻，她被全家群起而攻之。

我几乎都能想象出一幅画面：

奶奶 / 姥姥：“哪有你这么当妈的？孩子还那么小，不会就慢慢教嘛！”

爷爷 / 姥爷：“你老训他干啥？训他就能学会了？看你把孩子吓的！”

爸爸：“你不会好好跟他说啊？不写了，什么破作业，走走走，出去玩去！”

而咆哮声隔窗传到邻居那里，这位妈妈可能还要被暗暗嘲笑：太脆弱、没素质、不懂教育。

评判指责最容易，事后诸葛最好当。

一个女人当了妈，似乎莫名就成了众矢之的。

很多时候，她与全家“决裂”，就是从生了孩子之后开始的。

比如，亲妈成了“后妈”。你没当妈之前，在你亲妈眼里还勉强是个孩子，一旦当了妈，亲妈就要求你瞬间长大。不能爱美，不能脆弱，必须紧密围绕在孩子周围。

孩子小的时候，安全与健康齐飞。孩子大点以后，成绩共读书一色。哪样做不好，她第一个抓来问责的就是你。

比如，婆婆成了敌人。她会以过来人的姿态教导你，要贤良淑德，要以孩子为重，叫苦喊累是不对的，吃喝玩乐是不行的，都当了妈的人，哪那么娇贵？工作糊弄糊弄就行，生活凑合凑合就可以，孩子才是第一位的。

比如，队友成了对手。多少“父爱如山”的爸爸，吃喝拉撒帮不上，辅导学习不中用，但挑毛病，妥妥一把好手。

“你这脾气太暴躁，对孩子影响不好。”

“这学期成绩不行啊，周末得给他补课。”

“孩子的习惯不好，你得注意一下了。”

他站在你的对立面，精准地指出你的问题，提出冠冕堂皇的建议。当你把机会让给他之后，发现他只会演“爸爸去哪儿了”三部曲——“上厕所”“有应酬”“我忙着”。

这是让人辛酸的现实。

我们一直在强调，妈妈，对一个孩子的人生非常重要。正因为她如此重要，她才更应该多被重视，被体谅，被分担，而不是因为她重要，就该被全家吹毛求疵、指手画脚。

吼孩子是不对，焦虑是不好，但这背后的原因呢？

一个崩溃的、无力的妈妈，背后缺少的，是一个有力的支持系统。

但现实中很少有人看到这个真相，所以遭受指责最多的还是妈妈。

工作家庭难兼顾，是时间管理没做好；一时失控发了火，是情绪管理没做到位。反正是个人都能来指责她，哪怕她已经很自责了。

一直说的“为母则强”，强在哪？

强在一个女人有了孩子，无论遭遇什么样的低谷困境，都能凭着这口气坚强面对。

强在一个女人有了孩子，再苦再难，一想到那个小生命，她都要挨过去。

但不是强在她要成为世界的箭靶中心，不是强在她要接受所有人挑毛病。

一个妈妈的好状态，离不开家人支持和自身成长，需要好的关系来滋养。在整个社会的支持系统尚且不够的时候，家庭系统就是最重要的保障。

别让妈妈成为孤军奋战、孤立无援的母兽。

她需要的是一句："你休息一下，这里交给我吧。"

而不是一句："你这个妈是怎么当的。"

精神分析大师唐纳德·温尼科特曾说：

"平凡的好妈妈在丈夫的帮助下，在最初的这段时间里仅仅是为小婴儿全心全意地付出，这就是对其个人和社会作出了最伟大的贡献。难道不是吗？妈妈的这份平凡的付出和贡献恰恰是因为太伟大了而没有被人们充分认识到。假如我们公认妈妈的这份伟大成就，那么每一个心智健全的人，每一个看重这个世界、也觉得自己是这个世界一员的人、每一个开心快乐的人，都欠这个女人一份天大的恩情。"

一个成为妈妈的女性，她已经为一个生命作出巨大的贡献了。

她需要的是支持，而不是责难。

我至今仍记得，自己在刚成为新手妈妈的时候，因为泌乳不足，导致我无比焦虑。

但所有人给我的信息都在加重我的焦虑，无数人都在告诉我：没有母乳不行啊，孩子抵抗力会不好。连我自己的妈妈也在不停地提醒我：没有母乳，是一件很要命的事。

这让我陷入了更大的焦虑和自责之中。至今想起来我仍然感到很心酸，如果那个时候，有一个人能坚定地告诉我，"不要担心，没有母乳也不要紧，孩子喝奶粉照样可以健康地长大"，我想这对我是一种莫大的慰藉，我的焦虑值会瞬间下降，这对我的抑郁情绪的缓解也会有极大的帮助。

很遗憾我没有得到这句话。

所以在生完孩子的 7 个月里，我都陷在产后抑郁的情绪里，当然不只是这个原因，还有很多我自身的因素。

但这段经历让我清楚地明白：过度的信息指导一个女人如何当一个好妈妈，是一种污染。因为在烦冗复杂的信息当中，很多妈妈会质疑自己做得到底对不对，也有人会因为自己没有学会某位专家口中的技术，或者没达到某本育儿书上写的标准，而沮丧懊恼。

自我攻击，是令一位妈妈丧失爱与信心的最快做法。

所以，这是所有妈妈都需要知道的事：

真正的为母则强，不是既能当爹又能当娘的风雨一肩挑，不是所向披靡无所不能的钢铁强悍，也不是打落牙齿和血吞下去的外强中干。

真正的强，是先学会接纳自己，尊重自己内心的感受。

如果有人提供爱护和支持，那无疑是幸运的。

如果没有，那就先学会爱自己，学会给自己一些允许。

然后去正视自己曾经的破碎、缺憾、不成熟和不完美，看到那些自己曾经未被满足的渴望和期待。

去觉察、去学习、去成长，最终用自爱，去重新滋养那个内在的小孩，用自我负责的心态，去重新面对自己和孩子，成为一位不完美却真实、拥有生命力的妈妈。

绽放的妈妈，自由的孩子

讲一个我认识的家庭：

这位妈妈养育了三个孩子。

大儿子是一名军人，二儿子是公职人员，小女儿是一家私企老板。

三个孩子都非常优秀，也达到了世俗意义上的“成功”标准。

可能有人会以为，这位妈妈一定是一位高知女性，或者一定特别懂教育。

而事实是，这只是一位普通的农村母亲，她甚至没有什么文化，只会写自己的名字。

但就是一位这样普通的母亲，却养育出三个优秀的孩子。最根本的原因，不是她多么优秀、多么强大，而是她活得平和而从容，在养育孩子的过程中，遵从孩子的天性，并给予最大化的接纳和支持。

老大自小就想当兵，她就鼓励孩子在 16 岁那年参军，去实现自己的人生理想。

老二是一名学霸，她虽然自己不识字，但会尽量给孩子买书，满足他对知识的好奇心和求知欲。

老三从小古灵精怪，心眼多，爱闯祸，她也从来不去指责和控制，支持孩子大学毕业后去创业。

现在，三个孩子都已成家立业，结婚生子。已近中年的他们不仅拥有很好的事业，而且家庭也很幸福。

这三个小家庭每年春节聚在一起，整个大家族和谐融洽，充满浓浓的亲情。

个体心理学家阿德勒说：父母是什么样的人，比他们在某些事上怎么做更重要。

为什么我们一直讨论妈妈如此重要。因为母婴关系是人格的基石。

一位妈妈的人格相对完整、健康，活得真实、从容，富有生命力，这便给予了孩子最初的、最重要的心理营养。

但在现实生活中，这恰恰是最容易让人忽略的。人们往往关注的是，一个女人有什么样的外表，因为这将影响孩子的基因；拥有什么样的学历，因为这意味着她能不能辅导和教育孩子；拥有什么样的经济条件，因为这代表着她能给孩子什么样的生活。

这些因素不是不重要，但都不是核心。

我们最应该关注的是，一名女性，一位妈妈，能不能活得绽放，最大化地成为她自己，释放她的生命力。

这也是为什么，我多年来一直坚持去做支持女性成长的事。因为大部分女性，都会成为母亲。

而母亲，直接影响着另一个生命的状态。

有绽放的妈妈，才有同样绽放的孩子。

我自己也曾在养育孩子的过程中充满了控制，因为我自己是紧绷的，无法放松，无法从容。这种紧绷像一个无形的能量场，无时无刻不在浸染着孩子。

我每天下班回家，孩子都会敏锐地捕捉到我的情绪，跑过来问："妈妈你怎么了，你不开心吗？"

他一度非常敏感、脆弱，和我一样爱发脾气，发完之后又崩溃流泪。

那几乎是一个复制了的我。

这也是触动我下定决心去成长和突破的原因。

在我做了近十年的心理成长之后，疗愈了自己早年的创伤，与少女时期的自己完成了和解，我终于能成为一位真实而有力量的妈妈。

在这个过程中，孩子也在神奇地发生变化。

他从一个对什么都没有兴趣、什么都不想学的状态，变为主动要求买课外书、积极发展兴趣学钢琴的状态。

他曾经缺乏自制力，一被管束就发脾气，现在变得能够自我管理、自我规划。

他小时候在人际关系中退缩、被动，现在拥有了自己的小圈子，并且跨年龄地交到了不同的朋友。

这一切让我更加坚信，当妈妈最重要的任务，就是先活好自己，成长好自己，才能用自己的生命状态，去影响和引领孩子。

到现在我仍然在不断地觉察、学习和成长中。从日常的琐事里，从和孩子的相处中，从家庭的氛围里，从和爱人的交流中。

越是增加觉知，越能放松自己的控制。

去年寒假，我出差一周。孩子在家用手机不断地给我发微信，说他很无聊。

我一开始，本能地给他出主意，建议他去读书、练琴、打羽毛球。

但发出这些之后，我马上就觉察到了：我所谓的“正事”，无非是我想让他干的那些事，这些所谓的“建议”，只不过都是一种控制，目的是满足我自己。

他找我，根本不是需要我给他什么建议，告诉他应该去做什么。他只是在那一刻，想向妈妈释放他的情绪，想与妈妈有个连接。

而我却想冠冕堂皇地给他什么建议，让他赶紧“正能量”起来，赶紧“积极”起来。

这意味着，我对这种“无所事事”的状态，仍有很多的评判，认为它是糟糕的、不好的。

一个十几岁的少年，他能不能有无聊、发呆、无所事事的空间？

太能了。

那是生命的留白。

他可以无聊、可以烦躁，这些都是真实的成长体验。他只有经历过、体验过、感受过，才知道如何去面对、去整合、去处理、去消化。

这些，都是在为一个孩子走向成年世界打下基础。

年少时，人是静不下心的。

因为那就是一个茂盛蓬勃、野蛮生长的阶段。想拓展、想尝试、想寻找更多同类，想与更多人与事发生连接。

别说十几岁，我们到二三十岁不都是这样吗？

要浪，要嗨，要烈火烹油，要鲜花着锦，要引朋唤友，要把酒问青天，不知今夕是何年。

我如果能真正从那个角度理解一下，就会知道，那些虚浮背后，也有无尽的孤独，茫然，迷乱，自我攻击，自我质疑。

能量的不均衡，让年少的人格拧巴着。

这种拧巴也让他们无比难受，不停折腾，冲突不断，左右为难。

他需要理解，需要看见。

再反观我们自己，我们几乎都是到中年之后，才真正走向成熟稳重的。

心理学上讲“自性化”是从 35 岁之后才开始的。人的前半生，更多的是理性的塑造与运用。要学知识、练技能，要开疆拓土、积累并创造。

这几十年里，我们的自我是抛掷向外部世界的。我们不停地向外去找，去要、去索取、去证明。中年之后，进入人生后半程，加法做够，锋芒渐收，聚焦转向内在的整合。

我们开始向内看，把抛在外面的自我的碎片一点点找回，拼接，修补，去创造人格的真实与完整。

这也是一个人能真正沉稳下来的原因。

内核稳了，人才会稳。

年少时人都太容易被很多东西扰动，牵着这个，挂着那个，忍受不了寂寞，承受不住孤独。

只有走过了之后才能看清：前半程的动荡、虚浮、茫然，不切实际、胡思乱想、好高骛远，都是真实体验，都是必经阶段。

最终让我们变得踏实稳重的，是世事历练，是岁月积淀，是心境转换。

孩子早晚会长大，会成为和我们一样的角色加身、奋力前行的成年人。

这份理解和宽容，应该我们先给出。

因为我们是妈妈，是成人。

因为孩子不曾当过大人，而我们曾经当过孩子。

身为妈妈，请允许自己流泪

小区楼下两对母子经过。

前面的小男孩一个劲儿地嚷嚷着热，自己把背心外面的短袖衬衫脱了下来。

一旁的妈妈一下子火了，怒斥他："热什么热？哪里热？根本就不热！"

她拧着小男孩的胳膊塞回衬衫里，推搡着出了小区。

后面的一对母女，小女孩穿着花裙子，在下坡路上快跑了几步，一下摔倒在地，嘤嘤地哭起来。

身后的妈妈三步并作两步，上前把小女孩扶起来："行了行了别哭了，又没破皮没出血，有什么好哭的。"

这是一类屏蔽了感受的母亲。

隔绝感受的人，对他人的任何情绪、心情，都很难共情。

一个孩子，从小感受的资格就这么被剥夺了。

我从小也是被这样教育大的。

在我妈眼里，孩子的一切情绪，都不值一提。

"烦什么烦？小孩有什么好烦的？"

"你有什么不高兴的？一整天拉个脸给谁看？"

而更严重的是，哭是不被允许的。

犯了错不许哭——"自己做错了，你还有脸哭？"

考砸了不许哭——"哭有什么用？有哭的工夫把成绩搞上去！"

伤心难过也不许哭——“就知道哭，你除了哭还会干什么？”

因为哭，我挨了很多打。

越打越哭，越哭越打。

终于，我被打成了一个再也不哭的倔强少女。

“哭有什么用”，曾是我多年的人生座右铭。

包括前几年的文章里，我还经常写“眼泪有用的话，要脑子干嘛”。

很多年来我活成了一个没有眼泪的人。

在我自己看来是坚毅，在别人眼里是强大。

我只信奉一切可以解决问题的手段。

这种信念给我带来了一系列好处。

比如：

在职场上我从不情绪化，永远逻辑分明、条理清晰。

问题面前我很少被感情牵制，永远遵循的是“目标—方法—行动”三部曲。

朋友们的“疑难杂症”，诸如爱上渣男、老公出轨、婆婆刁蛮之类的，也时常到我这来“求骂醒”。

我常常想，如果没有生孩子，我可能会一直如此“强大”下去。

在我成为妈妈之后，孩子的哭声成了我的魔咒。

我无法忍受哄了五分钟之后他还不住口。

孩子只要一哭，我很快就会成为炸毛的公鸡、鼓气的河豚、竖刺的刺猬，濒临崩溃。

相比之下，我的爱人对孩子哭闹反倒宽容得多。

直到数年后的一次聊天，他说，他印象最深的事，是儿时睡午觉睡过头，一觉醒来发现已近黄昏，心中就莫名有一种难过，放声大哭。

这时候他的妈妈就抱着他，轻抚他的后背，一直到他哭够为止。

哭够了，情绪释放了，什么事也没有了。

我在那一瞬顿悟。

一个曾被允许表达情绪的人，才有能量接得住别人的情绪，尤其是身边最亲近的人。

而我自小，眼泪被压抑，情绪被遏制，不被允许的模式深深烙在成长轨迹中，成为我成年后的模式，也成为我对孩子和他人太多的不接纳和不允许。

这份醒悟，是我人生改变的重要时刻。

不断地探索和觉察，漫长地学习和成长，才让我最终没有成为那个不允许孩子喊热的妈妈。

曾经有一位来访者找我咨询，从婚姻困境，讲到成长经历的时候，她大哭起来。

我只是静静地陪着她。

哭了半小时后，她对我说："老师你知道吗？我很多年没有这样哭过了。"

我问她还好吗？

她说："好像哭完，就已经比之前强大一点了。"

我懂。

我自己又何尝不是在允许自己流泪、允许自己软弱之后，才真正明白了何为强韧。

成年人的世界，本就有太多的无资格和不允许，我们终日戴着面具，汲汲顾影于这尘世烟火。

其实，谁不知道一哭就面浮眼肿？谁不知道哭完还得抹把泪，解决问题咬牙前行？

变态的客户、抠门的老板，或者生病的老人、哭闹的孩子，或者刁蛮的婆婆、出轨的老公。

是的，哭没有用。

但很多时候，它比说教有用，比评判有用，比指点江山有用，比人生导师有用。

它代表着一份允许，一份接纳，一份体恤。

“哭没有用”“哭就是㞞”，才是一个让女人终极压抑的陷阱。

如果我们始终不敢面对这份悲伤，这份眼泪，那我们就永远无法成为一个有同理心的人，就无法成为一位拥有共情能力的母亲。

而我们的孩子，也将在一次次的不允许哭泣、不允许悲伤之后，学会了压抑，学会了情感的隔离。

看过一位心理咨询师写的一段话：

“表达悲伤，并不是一种脆弱，而是一种强大。悲伤没有那么可怕，悲伤是一种流动，是一种真情。”

这时候，当你再看到小孩子哭的时候，你就可以去跟他说：

“我知道你很难过，因为这对你很重要。

“虽然发生了你不喜欢的事，但我会陪着你，一起去面对。”

这时候他就获得了面对悲伤的力量。

对孩子如此，对我们自己，亦是如此。

妈妈们，请允许自己流泪，我们终将会在这份允许中，学会如何善待自己，善待孩子，善待那些流泪的人。

《桃心话》专栏问答

讲述一：

妈妈 58 岁了，退休后疯狂地迷上了跳舞，加入了一个舞蹈团，每天只有一件事，就是跳舞。不但跳，还要演出，还经常自费去外地演出。

我担心她是不是被人骗了，但一说她就很生气，无法沟通。该怎么劝阻？

回复：

我在咨询中见过很多“疯狂的妈妈”：

有寡居多年之后突然坠入爱河，为老男友不顾一切的；

有莫名迷上某保健品，直接亲自代言推销的；

有加入广场舞队伍，浓墨重彩四处演出啥也不顾的。

来向我吐槽的，都是对妈妈不满意的子女。他们觉得妈妈丢人，嫌弃妈妈心里没数，也担心妈妈被骗。

他们唯独没有想过：妈妈为什么这样做？

那个黑洞，其实在很早之前就存在。

在我们高喊着“再不疯狂就老了”的时候，这一代妈妈，在年轻时就不曾被允许疯狂过。

她们按部就班地工作、嫁人，早早被“妻职”“母职”绑架。

做了妻子，她要日复一日忍受男人的懒惰、邋遢，她的委屈，只会被告知“男人都是这样啊”。

当了妈妈，她要接受永无止境的操劳、照顾，她的疲惫，只会换来一句“当妈了就别矫情了”。她得不到关心，得不到关注，没有人为她鼓掌，认可她的价值。她们的遗憾，她们的不甘，统统和被剪断的翅膀一起，消散在厨房烟火，湮灭于柴米油盐。

妈妈狂热地迷恋跳舞，一方面，可能是弥补她少女时代的遗憾，另一方面也许还有抵御长期不被关注的孤独寂寞，以及日渐逼近的死亡焦虑。

记得《奇葩说》里有一期，主题是：妈妈追星不着家，该不该管。

我很喜欢刘擎教授最后的话：

“只有坚持一个可错的观点，当它不违背法律的时候，仍然是可以存活的，甚至是被尊重的时候，你所深恶痛绝的那种现象，才会慢慢地变成边缘化。”

我想应该可以理解为：在不违背法律、不伤害自身和他人的前提下，可以允许和支持妈妈，去做一些在你的认知里看上去不那么正确的事。

允许妈妈，用自己的方式绽放一回吧。

讲述二：

看你在文章中曾写到母亲去世，请问你是怎么走出丧母之痛的？我和你有一样的经历，可是迟迟走不出来，太痛苦了。

回复：

知乎上有人写过一段话：

“至亲离去的那一刻通常并不是最悲伤的时刻。真正让你感到悲痛的，是打开冰箱的那半盒牛奶、那窗上随风摇曳的绿萝、那安静折叠的绒被，还有深夜洗衣机的阵阵喧哗。”

我在经历妈妈去世时有一个深切的体会：中国式的葬礼，在与逝者告别的时候，我们很难真正地、全然地、彻底地去释放自己的悲痛。

因为要操持、要安排周详、要迎来送往。

只有众人散去，亲戚拍拍你的肩让你多保重，然后剩下你一个人孤零零留在那里。

你意识到，一切如昨，只是那个人不在了。

这时才是痛苦的开始。

每个人要走的路，都不尽相同。

我无法给你一个标准答案，如何快速愈合伤口，走出悲痛。

只能给你几个方面的建议：

一是悲伤的时候，让自己充分地、彻底地悲伤。

成年人的世界，允许自己做的总是太少。我们习惯了悲喜不惊、崩溃无声。沉默和不动声色成了最大的体面。

可我们终究是凡夫俗子。

如果你在失去至亲的当时，没能充分地释放这份悲痛，那后面你需要多给自己一些时间释怀。

你可以在心里和她说说话，可以拿起笔给她写封信，可以让眼泪尽情流淌。

你会发现，你在接纳自己的悲伤之后，心里或许会轻松一点。

二是放下内疚，好好前行。

我见过很多人在失去至亲后，长达几年甚至十几年都无法从痛苦中走出来。

他们并不一定是没有能力走出来，而是他们需要这种痛苦。

从心理学角度来说，这样的人，通常对逝者背负着巨大的内疚。

这份内疚，让他们产生强烈的追逝情结，潜意识里，他们要用这种痛苦来保持与逝者的连接。

如果你也是这样的，你需要探索一下自己，潜意识里是否有“我对不起妈妈，我不配过得好”这种声音。

内疚是一种极低的能量，如同背着一块石头爬山，注定辛苦，让人走得累，也走不远。

长期陷在追逝情绪中的人，需要专业咨询师的帮助。

真实地面对这个伤口，是一件需要勇气的事情。当我们真正直面它的时候，可能会痛苦，可能会流泪，但是这都是好的做法，因为这意味着我们对它释放了情绪，充分地表达了哀伤和悲痛，那么我们就不再固守着这个伤口了。

只有哀伤被充分地、足够地、淋漓尽致地表达出来，我们才有了向前走的力量。

对逝去的人，在心里说一句：为了你，我会保重我自己。

痛快去活

第五章

活出痛快的自己

女人何时自由？

看过一篇文章说，一个女人的人生，有两个最自由的阶段：

一个是单身未婚前，一个是子女成年后。

单身未婚前，一个女孩没有太多的角色，也没有太多的责任，无拘无束，自由自在。

子女成年后，女性的养育重担终于卸下，终于可以去做自己想做的事了。

而在结婚后到孩子长大这个阶段，一个女人要面临多重角色加身，女儿、妻子、妈妈、儿媳……

这个阶段，恰恰也同时是事业的打拼期和发展期，要提升技能，要晋升职位，要增加收入……

家庭与事业，自我的发展与孩子的养育，想要的自由与角色的捆绑，很容易让女性陷入疲惫纠结的状态。

女人要如何才能自由？

难道只能不婚不育保持单身，或者苦苦熬到孩子成年远走高飞吗？

自由不是只从单一的生理时间线来定义的。

作家刘瑜曾说：

“如果我不幸生在了 200 年前，就得裹小脚，生一串孩子，早上五点起床喂猪，每天给一家老小 15 口人倒马桶，老公打你没有妇联可以申冤，不让识字读不了纳博科夫，还人均寿命 43 岁……然后就认为，啊，在历史的长河中，我竟然有幸生在了现代，竟然可以上学，可以工作，我真是太走运了。”

从这个层面来说，我们远离了“在家从父，出嫁从夫、夫死从子”的封建时代，我们已经拥有了前所未有的自由。

而生于现代的我们，为什么依然有不自由的感受？

一是被限定的女性身份。

很多现代女性，在外征战职场，杀伐决断，承担和男性一样的家庭责任和赡养义务，而当春节回到老家时，却发现依然不能和家族的男性一起上桌吃饭。

在父权社会，需要突出男性“强者”的地位，女性只能是“弱者”。

如果一个女性在成年之后没有经过自我成长，走不出“弱者”的限定，她就很难让自己真正强起来。因为一强，内在的超我就出来打压她：你不像个女人。

经受不起超我打压的女人，就会默默让自己回到弱的位置，默认自己这也不行，那也不行。

这种女性身份的限定，也是对女性能量的限定。它让一个女人无法释放天然的生命力，无法绽放女性能量，在自我成就的路上，划出一道无法跨越的鸿沟。

二是社会和自身的双重要求。

我们出生在一个相对保守、偏向集体主义的年代，但成年后，我们又生活在一个自由选择、更加开放的年代。

这意味着，我们不可避免地面对两种声音。

一种是来自成长过程中被灌输的传统价值观：女孩最重要的是文静、稳重，做一份稳定体面的工作，照顾家庭，养育孩子，当一个好妻子、好妈妈。

一种是来自开放民主、鼓励个性的新时代价值观：女不强大天不容，做又美又飒的大女主。

这两种声音，造就了整个社会甚至我们自身，对女性的双重要求：

既要温柔顾家，又能职场拼杀；

既要貌美如花，又能赚钱养家；

既是团队之中的女战士，又是孩子心里的好妈妈。

不仅如此，还要在亲密关系中会撒娇，会示弱，会满足伴侣，会经营亲密关系……

如果我们不能识别内心真正的声音，厘清自己真实的需要，不敢反抗外界强加给自己的桎梏，就会迷失在种种要求之下，苛求完美，举步维艰。

三是我们自己内心的不公平感。

有人说，婚姻是对女人的剥削，只要男人不生孩子，永远不会男女平等。

如果一个女性把婚姻看作一种牺牲，把生育当作一种负累，一种被迫的、吃亏的选择，甚至是一种惩罚，那她就永远活在一种不公平感之中，永远无法自由。

鲁迅先生曾说：女人的天性中有母性，有女儿性；无妻性。妻性是逼成的，只是母性和女儿性的混合。

在旧社会，女性作为男权的附属品，只有被迫接受妻性的驯化，才得以存活。

但在现代社会，只要女人不接受妻性的驯化，不向妻性投射认同，婚姻就是自由的选择，而不是对女性的盘剥。

生育是女性的权利。拥有这项权利，意味着我们比男性多拥有一个机会，去体验孕育新生命的美妙。

我们需要构建一种认知：权利和责任都在我自己手中。我可以选也可以不选，但我都要为自己的选择负责。

生育的确会对女性的身体产生巨大的消耗，承担妈妈角色，养育一个孩子，更是要付出巨大的精力和心力。

但生育也同时让我们拥有了一个拓展生命广度和深度、重新养育自己的机会。这是上天给予的恩赐，无比宝贵。

回望历史长河，《红楼梦》《简·爱》《第二性》，这些作品之所以伟大，是因为在那样一个时代背影下，它们将女性作为一个人来呈现，来肯定。

女性始终是和男性同样闪耀的存在。

当下的现实世界中，的确仍存在一系列对女性不公的因素：职场的隐形歧视、母职惩罚、女性权益保障不足等。

但我们也要看到，我们面对的世界越来越广阔，我们面对的选择越来越多样，尤其进入科技、信息、互联网高速发展的时代，女性的优势越来越凸显。

我们越不向刻板标签妥协，我们就越自由。

我们越给予自己接纳和肯定，我们就越自由。

我们越勇于成长和突破，我们就越自由。

自由取决于自我的坚定。你想何时自由，你就何时自由。

原生家庭的怨，可以放下了

几年前有一部电视剧《都挺好》，它呈现的原生家庭故事，一度引发热议。

剧中苏明玉的妈妈，几乎是天下所有既能干又遭人恨的母亲的群像。

在剧中，她仿佛是这个家庭一切苦难的源泉，是苏明玉悲惨童年的始作俑者。

可她又确确实实为家庭付出了一生，靠着自己的吃苦耐劳、精明能干，支撑起这个家。

她自己受过重男轻女的迫害，却又成为重男轻女的拥趸。

她不爱苏大强，当初只是为了户口才嫁给这个懦弱的男人。她对丈夫的强势打压，对女儿的冷漠无视，都是向命运施展的报复。

她想过改变命运，试图离开苏大强，但在这时发现怀了苏明玉。她只能再次屈从现实。

她厌恶她的婚姻，厌恶她的女儿，都是因为，她深深厌恶自己的女性身份。

她把对自己的怨恨，都投射到了女儿身上。她要打击她、忽略她、冷落她，不允许她拥有好的生活，是因为，她无法接受自己，一生都没有拥有过好的生活。

她看似要强，却只是一个弱者，她只相信男人才是强者，所以对两个儿子极其疼爱，她的潜意识里，只有男性才配出人头地，而女儿，只能是和她一样的命运。

苏明玉，是她投射的另一个自己。

她自己没有得到的，女儿也不配得到。

如果女儿得到了，就意味着，她得不到只是因为自己懦弱。

这是一个多么悲苦的母亲。

老电影《意》，是另一个母亲的故事。

1964 年的香港，风情万种的夜总会歌手玫瑰，周旋在不同男人之间，走马观花，浪荡欢场。

她的女儿和儿子跟着她，从一个家搬到另一个家。

他们看着他们的妈妈玫瑰，每次都兴冲冲地告诉他们“新生活开始了”，而很快又在深夜争吵后，带他们离开家门。

整个剧情里，她永远在为男人意乱情迷。

几度自杀，几度崩溃，几度央求男人不要离去，几度歇斯底里。

玫瑰的出生，注定了苍凉的底色。

她是家中最小、最不受待见的女儿，十几岁被迫嫁给残暴的丈夫，接连生下两个女儿，相继夭折。

丈夫另娶，弃她如敝屣。

她爱上丈夫的弟弟，二人私奔到上海。

生活穷途末路，难以为继，他以死相求，求哥哥接回玫瑰，自己上吊自杀。

这是玫瑰一生，唯一的、真正的爱情。

命运向她展露一线欢颜，很快又被剥夺殆尽。

她身无所长，再无依傍。唯有使用身体的美丽与风情。情场就是她的战场，是她讨生活的地方。

命运的无常，让她偏执又受伤。她一生寻寻觅觅，难以完成自我实现与认同。

她没能成为一个独立的女人，也无法成为一个懂爱的母亲。

她有轻浮与自私，又有强悍和底线。

当年挚爱的男人自杀后，她失去生的希望，却为了腹中的女儿活下来。哪怕漂洋过海、几番辗转，也要将子女带在身边。

她告诉女儿：要好好读书，不要犯和妈妈同样的错误。

她像一只荒原母兽，皮毛艳丽，护着她的崽。

她不是一个英雄母亲，她只是一个带着创伤的普通女人。

玫瑰最终决绝自杀。所幸，两个孩子还是长大了，女儿拿到了心理学学位，儿子成了一名作家。

起初我不明白，玫瑰说要回香港，为什么又选择了死。

后来我想，可能是，她最终知道了，自己这样一位母亲，终究是无法让孩子幸福的。

这一路走来，她已积重难返，面目全非。

她只能用死来成全。

影片最后，玫瑰的儿子 Tom 写道：

“我们从不谈起母亲。也许是因为谁也不知道该说什么。

但我不断地写她，一次次让她跃然纸上，试图理解她，或是惩罚她。

或者只是记住，去感受，去接受，去原谅，才能爱。”

他写着她的故事，用这样的方式，与天国的母亲完成连接。

“去感受，去接受，去原谅，才能爱。”原谅不是重点，能爱才是核心。

归根结底，我们与原生家庭的和解，不是与现实中的父母和解，而是与我们的内在父母和解，与真实的自己和解。我们要接受的，也不是现实中的父母，而是真相本身。

真相是，有的父母困于自己的创伤，囿于自己的局限，执着于自己的认知，他们自己也伤痕累累，举步维艰，他们也从来没有真正地得到过爱，也没有真正爱过自己。

他们的的确确是给不出我们更多的东西了，无论爱，还是照顾，还是关注。

我曾经也怨恨过我的母亲。

我人生的第一份记忆，是一个月黑风高的晚上。我妈和我爸打了一架之后，用一条小花被包起我，要带我回姥姥家。走到院子里，我妈又说：算了，太晚了，不去了。

三十多年后，我仍然记得那晚的夜色，妈妈在黑暗中的身影，小花被把我裹起来的感觉。可能这份最初的记忆，奠定了我的生命底色：黑夜，争吵，分离。

一个孩子年幼时所有的经历都会储存于潜意识里。而在他成年后，会有千万种方式将这些经历呈现出来。我敏感脆弱又拧巴纠结，从小爱哭，胆小，怕黑，极度自卑，不敢见人。因为这些问题，总是被我妈训斥责骂。于是恶性循环：越训越哭，越骂越㞞。

我妈生于 20 世纪 50 年代。她从吃糠咽菜的年代走来。

奉行“打击式教育”，坚信“批评使人进步”，在赞美和表扬这种事上，她惜字如金。

我的记忆中，从来没有过在妈妈怀里撒娇的亲昵。很小的时候有一次，我想抱着她的腿撒娇，被她一把推出八丈远：“一边去，烦着呢。”我趔趄着爬起来，从此绝望。

生活上我要被迫接受她的强权。她让我做什么，我必须马上做。否则就是笨、懒，没眼色。

我不能提学习以外的任何需求。尤其是穿衣打扮和享乐。

考不出好成绩，就什么都配不上：供你吃供你喝，好意思考这样？

考出了好成绩，马上就会有新标杆：不用高兴得太早，你看看人家！

听起来很荒唐，但那只是我的日常。

我目睹过我妈和我爸的争吵，互殴，亲耳听过我妈用最恶毒的话咒骂，我躲在被窝里整晚哭泣。有时我妈还不解气，再给我补一刀：我要哪天离婚了，才不要你！

我自小体弱多病，面黄肌瘦，蔫蔫得像颗豆芽菜。现在想来，也跟内心恐惧和情绪压抑有关。但也还是活下来了。

如果按“原生家庭决定一生”的说法，那现在的我，大概只能是一个懦弱无力、遇人不淑，被渣男抛弃伤害、终日以泪洗面的中年妇女吧。

我没有成为那样的人。没有因为怯懦而成为尿包，没有因为哀怨而沦落成怨妇，我踏着那些创痛和荆棘成为今天的我。

原生家庭只是因，不是果。

所有对原生家庭的探索，对成长历程的回顾，对童年重大事件的剖析，都是为了让我们看清来时的路，让我们知道现在的、当下的模式、情绪、选择，是如何受潜意识影响的。

可惜很多人到了这一步，就停止了。然后变成了对父母和原生家庭无休无止地讨伐：都是因为你们，我才这样的。

这不是成长，只是甩锅。把这口锅甩出去，自己就不用为自己负责了。

很多事情是无法溯源的。妈妈没能给我无条件的爱，是因为她没从她的妈妈那里得到过。

那她的妈妈又该去怨谁呢？

这种讨伐没有意义，对解决问题也毫无帮助。

也不必强行和解。

某些所谓的导师，热衷于指导学员必须爱父母，滔滔不绝，振振有词，动不动上升到一生运势、积德积福的层面。

还有一些疗愈课程，擅长强行制造和解大结局，一大家人当场抱头痛哭。回家之后，一切如故。

疗愈不是杜冷丁，打一针就能不痛。它是一个缓慢的过程，是随着人格的强大、内在力量的充实，走向灵魂丰盛、内心坚韧的过程。这才是真正的成长。它远比一个和解的表象更重要。

如今我妈妈已离世多年，再写下这些，我没有怨恨和遗憾。

在我幼年时期，即使她犯过许多错误，但我知道那已是她在那个当下的最大能力。

在她在世期间，我也有种种不足，但我也在当时做了我所有能够做的。

我们都在曾经的那个当下，给了我们能给的。

创伤和苦难一样，本身都不是财富。创伤和苦难只有经过转化，才能成为成长的源泉。

这世上的确有生来幸运的人。他们在原生家庭中得到了富足的爱和无条件的接纳，所以他们天生“本儿厚”。而像我们这样的人，先天的缺失让我们一度贫瘠，匮乏，忐忑。但最终也一样，在自我疗愈和自我成长的路上，走向强大而辽阔的生命。

记得在《都挺好》热播期间，有位学员给我留言：

“我就是苏明玉式的女儿。自从有了弟弟，爸妈就再也没有给过我一个笑脸，一切都以弟弟为先。

15 岁那年，妈妈直接让我别考高中了，说反正以后也没钱供我上大学，要么上个中专，要么直接找工作赚钱。那句话我一辈子都记在心里。

到现在，弟弟和弟媳快 30 岁了还赖在爸妈家里啃老，他结婚、买房、买车，妈妈每次都打电话给我，张口就是‘你这个当姐姐的，也不能不管呀’。

我就是不管。我觉得爸妈现在就是自食苦果。我不会原谅。”

当然可以不原谅。恨也是一种力量。

《都挺好》的剧终，苏明玉回溯了过去。

那个小小的女孩，被哥哥欺负后无助哭泣。妈妈走过来关心她，安慰她，最终抱起她，走进家门。小小的她在妈妈怀里笑了，望向门口的成年的她。

她们相视而笑。

是回忆，还是幻想，都不重要了。

这是她与自己的和解，与他人无关。那是她的内在小孩。她终于看到了她，拥抱了她。

她终于成为自己内在的妈妈，抱起了她，滋养了她。

如果你仍有恨，没关系，别强迫自己去原谅。

如果你已放下，恭喜你，新的旅程已经开始。

曾经那道裂缝，是创伤，也是阳光照进来的地方。

不入局的智慧

收到读者留言，咨询关系中的困惑。

有的是：老公人不坏，就是嘴碎，爱唠叨，爱挑剔，芝麻绿豆大点儿的事都要跟你杠，真烦心。

有的是：婆婆节俭过头，家里过了期的食品也要吃，说多少次也没用，非说没坏，扔了浪费。

有的是：儿子总要买新球鞋，倒不是心疼那个钱，主要是脚长得快，没几个月就穿不上了，可是不买他就发脾气。

有的是：男朋友喜欢开斗气车，经常在路上跟人家较劲，越说他越不听，都吵了无数回了。

我最常回复的就八个字：你不配合，他就没辙。

所有关系中的问题，本质上都是合谋。一个人永远抛难题，一个人永远在配合。

这是一个潜意识的局。你进入，就纠缠。你纠缠，就烦恼。

因为：

嘴碎的老公，只会用这种方式发泄，这是他自己的模式。你只要不试图改变他，不接招，不回应，他很可能就觉得无趣，自己闭嘴了。

你总想改变他，越激发他的防御，于是越战越勇，你俩局局打个平手，谁也改变不了谁。

喜欢吃过期食品的婆婆，其实是在用吃苦的方式享乐。

她潜意识里以过苦日子为荣，不允许自己过得太好，也看不上你们的高品质生活。

不买鞋就发脾气的儿子，是因为他知道这招好用。他一有情绪，你就不淡定，自己陷入纠结：有这个条件，为什么不满足孩子呢？

于是他就格外知道你的软肋在哪儿，习惯了用负性能量引你就范。

总是开斗气车的男友，心里还住着一个愤怒少年。他的青春期可能不曾叛逆过，反抗过，被压抑的小野兽总跃跃欲试。他要反抗的是他当年的父母。

你越说，他就越来劲，你就成了他当年的妈，总想压制不听话的孩子。

所以，唯一的方法，就是不入局。

不入局，边界就是明晰的，关系就是清爽的。

生活这座修罗场，人最大的烦恼，就是妄图改变别人。

当我们陷入这种执念，其实是背后有一个声音：只有改变别人，才能满足自己。

老公改变，我才能幸福；

孩子改变，我才能省心；

婆婆改变，我才能气顺。

一将功成万骨枯，这是一条何其艰难的路。

如果所有女人都把“满足自己”这事儿，置于“改变别人”这个前提之下，那就只会一股脑儿地去改造老公，教训孩子，对抗婆婆。

如果对方还是不变呢？那我们这辈子都无法得到满足了。

“满足自己”和“改变别人”，完全是可以分开的两件事。

别人变不变，是别人的事。

我能做的，就是满足自己的需要，照顾和安放自己的内心。

网上有个流行的金句：不参与他人的因果。

因果是他人自己的功课。

我们能做的，就是不控制，不拯救。觉察自己的自恋，收起圣母情结，活好自己，不渡他人。他人有他人的修行，只能他自己去完成，谁都无法替代。

如果我们非要强行参与，强行替代，就是剥夺了他人成长的机会。

即使受苦，我们也要清楚：受苦是他们的权利。

如果真要为他们做什么，那也只能是：做好自己。让他们看到，人可以用何种方式，自我成长，身心自由。

清爽的人生，源于清爽的关系。

清爽来自边界，边界来自分化。

分化就是我们的内心从婴儿状态中成长出来，完成与父母的分离，分清了“我”和“你”，实现人格的独立。

未分化好的个体，会重复在某一个模式里，活得吃力，无效，不讨好。

那你就需要看到：那只是你自己的游戏。与别人无关，是你非要玩。

活在当下，就是全情投入

有部老电影《土拨鼠之日》。男主角菲尔，一个电视台的气象播报员。他日复一日地重复着不怎么喜欢、也没多大价值感的工作，活得漫不经心，自以为是。

2月2日这一天，他和同事因工作需要，到一个小镇报道美国的传统节日“土拨鼠日”。

工作结束后，因突遇暴风雪，一行人困在了小镇上。

第二天醒来，他发现他的世界定格在了2月2日“土拨鼠日”这一天。所有人都在重复这一天的事，他们都不记得，而只有菲尔知道，这一天明明已经过完了。

一切陷入了轮回，每天都在重演。

早上六点，他会在旅店的房间准时醒来。窗外是兴奋地赶去参加“土拨鼠日”的人群。楼下餐厅的女佣总是同样的问安，他途经的路边总是有一名乞丐。冒充他老友的保险推销员总是准时出现。过马路总是踩入同一个水坑。他要完成同样的报道，目睹同样的流程，与同事完成同样的沟通……

日子，像被按下了“无限循环”键。“今天”永远在重复，“明天”永远不到来。

菲尔开始为所欲为。

因为这一天他已经过了无数次，所以他像神一样，清楚地知道每一刻要发生什么，每个人在想什么，下一秒谁要说什么，要做什么……

他轻而易举地利用着这些，撩妹，享乐，花钱，打人……反正只要一到明天，一切又会回到原点。

他在“这一天”的无数次重复中，了解了丽塔的兴趣，喜好，习惯，然后一次次地投其所好，假装与她喝一样的酒，品一样的诗，丽塔大为惊喜，两人感情渐进。

他像对待猎物一样，一步步计划将她收入囊中。

但无论菲尔伪装得多么完美，丽塔还是察觉到了他的表演气息。这个进程，每次都在暧昧缠绵的关键时刻，以丽塔送上一记耳光终结。

在无尽重复的时间里，这点可以肆意妄为的“优势”，并没有让菲尔活得更好。

他陷入了更大的空虚。他制造各种极端事件，试图用死亡来终结这种无止境的鬼循环。

但每天早上六点一到，他仍然准时醒来，继续活在2月2日这一天。

直到菲尔彻底想通了——明天不会到来了。他需要在无限循环中，最大化地过好这日复一日的同一天。

他改变了自己，不再虚度。

他去学钢琴，做冰雕，真诚热情地对待每一个遇到的人。

他救济濒死的乞丐，拥抱讨生活的保险员，接住从树上掉落的孩子、救助被食物噎住的客人——他利用自己的“未卜先知”，尽己所能地去帮助、去体谅、去关怀。

这曾经令他厌恶、绝望的“一天”，变成了充满温暖、感恩的“一天”。

菲尔成了小镇上广受欢迎的人。被他帮助过的人都感谢他，喜爱他，视他为友，以他为荣。

女同事丽塔也被这个全情活着的菲尔吸引，真的爱上了他。

当某天早上，菲尔再次醒来，依然是早上六点，依然在那家旅店。他看到枕边的丽塔，看到窗外干净的街道，他知道，循环结束了。

明天终于到来。

什么是活在当下？也许菲尔给出了答案——像没有明天一样活着。

即使日子只是不断地重复，即使剧情只是日复一日地循环，但依然全情投入，全身心地投入每分每秒，真实、丰沛地去活。

现代社会，无数人受困于焦虑。

焦虑的本质，是在担心糟糕的事情即将发生。焦虑一产生，人就离开了当下的位置，去到了未来。

我在写文章的时候，如果是全情投入、心无旁骛的状态，就会产生心流的感觉。

我对心流的体验是：天人合一，如有神助，酣畅淋漓。

在心流状态里，我忘记时间空间，不管今夕何年，烦恼忧虑全部消失，我全身心地与我的文字在一起，我自成宇宙，愉悦而美好。

但如果，我开始去想一些“以后”的事，比如，我写这个主题，阅读量会不会高；这些内容，读者会不会喜欢……当我去想这些的时候，心流就被阻断了。

因为我离开了当下，去到了未来，开始为尚未发生的事情担忧。

我观察过一些难以全身心专注做事的人。

他们总是过多地关注事件周边的其他元素而不能聚集事情本身。比如读一本书，他们很难真正读进去，很难真正去了解、吸收书中的内容和思想，而是去挑剔封面设计漂不漂亮，装帧高不高档。

有的人很难全情地投入一段关系。关系进展到一定阶段，他便开始抽离，要么逃跑，要么做一些什么事破坏关系，这样的人很容易成为别人眼中的渣男渣女。

不能投入，是因为潜意识在对抗融合。

不能融合，源自早年无法与养育者融合的创伤。

无法融合的创伤会让一个人在成年后，一旦面对融合，就会担心被吞噬。

他需要启动防御来对抗这种恐惧，以保证不被吞噬。对抗的方式，就是不投入，不专注。

这也是一种潜意识里的需要。

哪怕是焦虑，也有它带来的好处。

人类从远古洪荒进化而来。蛮荒时代，有自然灾害，猛兽侵袭，人只有保持紧张，保持警觉，才能确保存活，得以繁衍，进化，开创文明。

现代社会，适度的焦虑是一种驱动力，令我们具备现实感，产生斗志，不断前行。

一个从无焦虑、过于松弛的人，往往过于庸常，缺乏人格的张力。

但过度的焦虑，会影响生命状态，将人带离当下。

要如何调整?

有一句话叫：焦虑的反面，是具体。

活在当下，我们可以从做好当下的、手头上的每一件具体的事开始练习。

搬砖的，就认真搬完这一摞；

写稿的，就静心写完这一篇；

做 PPT 的，就专注做完这一版；

拧螺丝的，就安心拧完这一个。

去做具体的事，做实实在在的事，做当下可以体验的事。

它能让我们的人和心落地，而不是漫无边际、没着没落地继续飘在半空。这是我目前实践过的缓解焦虑的最有效方式。

一只兔子在荒野里，随时都会被猛兽吃掉，但它依然每天都要做一只快乐的兔子，不会因为有被猛兽吃掉的可能，就终日战战兢兢。

一只鸟儿在天空和枝头，随时都有被猎枪打中的可能，但在打中之前，它仍然要雀跃、要欢叫，不会因为存在被击中的风险，就放弃飞翔。

我们要向动物学习这样的天性。

电影《黄金时代》里萧红说：我不能决定怎么生，怎么死，但我可以决定怎么爱，怎么活。

生命的意义，不在于去做多少有意义、了不起的事。

充分地活着，在当下，在此刻，这本身就是最大的意义。

分享海桑的一段诗：

算了吧，不要颂扬，不要歌唱

你好好坐下来给我说说

说些我能听懂的

比如今年又是北旱南涝

比如油价昨天又涨了一毛

说些我能想到的

比如今天可能有雨，明天你要结婚

比如奶奶的病已经没法治好

再说些简单的事情，不大不小

比如草青水净，可以钓鱼

比如你正在努力读书

村里的小麦长势很好

我是个不关心大事的人

我真的没有时间

我真的没有兴趣

我只是喝两杯便宜的酒

写几篇会飞的诗

你志在高远，你就去吧

我不会搬家，出门也走不远

你只要那么喊一声，我就能听见

人格成长的三重境界

王国维在《人间词话》中写道：古今之成大事业、大学问者，必经三重境界：第一重是“昨夜西风凋碧树，独上高楼，望尽天涯路”；第二重是“衣带渐宽终不悔，为伊消得人憔悴”；第三重是“众里寻他千百度，蓦然回首，那人却在灯火阑珊处。”

我将它理解为一个人人格的成长和成熟的过程。

“昨夜西风凋碧树，独上高楼，望尽天涯路。”这是一个非常个人化的、感性化的体验。

就像一个年轻人，刚刚踏入社会之中，他感到孤独、迷茫，没有人理解自己，不知路在何方。

人格在这个阶段，尚未真正成熟，依然要依赖于外界，需要别人的肯定认同，但这是成长必经的体验过程。在这种孤独之中，人要学会使用自我，依靠自我，信任自我，用自己的力量去开疆拓土。

“衣带渐宽终不悔，为伊消得人憔悴。”人格成长进入了第二阶段。他开始拥有了自己的理想和目标，并为之奋斗。他开始变得独立和信任，启动自己的能力，去付出，去创造。也许艰辛重重，但心甘情愿，九死不悔。

“众里寻他千百度，蓦然回首，那人却在灯火阑珊处。”人格达到了成熟的阶段，他来到了更加辽阔的生命境界，发现自己曾经追逐的、求而不得的东西，其实是在生命中原本就有的。生命本就具足圆满。

在这个阶段，他完成了超越和融合，完成了自我意识的进化，人格变得饱满、强韧。

宋朝有位禅师，讲的也是三重境界：

“老僧三十年前来参禅时，见山是山，见水是水；

及至后来，亲见知识，有个入处，见山不是山，见水不是水；

而今得个体歇处，依然见山还是山，见水还是水。”

我尝试着这样去理解：

当我们看山是山，看水是水的时候，我们的人格处于简单的、平面的阶段。看待事物单一、纯粹。

当来到看山不是山，看水不是水的阶段，意味着我们开始有了思辨能力，人格开始有了层次，开始质疑我们曾经了解的东西，构建新的认知。

看山还是山，看水还是水，意味着我们的人格翻山越岭，跨越顶峰，完成了整合，抵达更高的境界。山还是那个山，水还是那个水，但看的人不一样了。我们自己成为山水的一部分，山水也成为自己的一部分。我们将自己统合到更大的生命之中，敬天爱人。

用佛家的话来说，这是一个从有相到无相，再到无所不相的过程。

美国作家约瑟夫・坎贝尔，对人生三段旅程的讲述，与中国文化有着异曲同工之妙。

他说，每个人的生命历程都要经过“花园—荒园—花园”的旅程。

第一段旅程是花园。

它代表天然的、本能的、与生俱来的、未经污染与驯化的潜意识心智。如同来到花园，人性对万事万物敞开，充满美好与好奇，一切生机勃勃，充满希望。

第二段旅程是荒园。

在养育的过程、父母的期待、社会的规训、他人的眼光中，我们开始过多地启用意识，很多时候，思虑代替了体验，某些自我变得狭小、禁锢，影响了与真实生命的连接。我们看到了荒园，是失去生气的，僵化的，干涸的。

第三段旅程是重回花园。

我们整合了意识与潜意识，以成熟的人格，重回真实的生命状态。能量流动，情感饱满，我们的理性与感性，得以连接与统合，他们彼此互补，共同创造。

我们带着更大的智慧重回花园，生命成为艺术。

我是在四十岁之后才厘清了这条成长之路。这是每个人的英雄之旅。

尽管在每个阶段，都要不可避免地与痛苦、迷茫相遇。尤其行至中年，人生半程，中年危机悄然降临。

莫瑞·史丹在《中年之旅：自性的转机》一书写道：

“一般而言，中年的转化会持续数年，大概发生于三十五岁到五十岁之间，通常落在约四十岁。着力于此的多数学者同意某些共同的典型特征：出现持续的厌倦与忧愁情绪；或是对生命本身或者对过去曾经理想化的特定人物感到幻灭与失望；年少时所追求的快乐与成就的梦想全然消融或突然粉碎；死亡焦虑悄然而至，或者说在一个人开始可以‘真正地生活’前却感到来日不多；体能上也开始呈现出一些老化的征兆，早期的自我形象因此开始破裂与分享。此时的父母不是行将就木，就是开始依赖小孩；因此早期的角色于是互换，让这些孩子从永恒不朽的幻想中醒悟过来。而且自己的孩子在某一程度上也正式开始分享与独立，这一切预示了将发生的改变，以及失去爱与失去无所不能的舒适错觉之风险。”

……

“中年的转化及危机，带来重要的转折，让人们的取向从原来的人格面具成功地转向自性。这个转折对整个个体化过程而言是关键之所在，因为透过这种改变，一个人才得以摆脱家庭与文化的层层影响，从而在他所拥有的内在与外在因素与影响中得以获得某种程度的独特性。”

我想这是从荒园到花园的重要转折。

儒家讲三十而立，四十不惑。

三十而立，立的是内在，开始确立内心世界的架构，开始探索我到底是一个怎样的人，要如何在这世间存在。

而四十不惑，并非真的再没有困惑、再没有问题了，而是将问题整合到更大的生命系统中去对待，能够接受世间万物的两面性，不再执着于某一个点，不再和自己较劲拧巴，开始走向身心合一。

人格成长的过程，也是一个人“自性化”的过程——人终究要真正“成为自己”。

人生上半场，我们是向外寻求，在外面世界里寻找自我，满足欲望。它的本质，是将自己的内在世界外化出去，把自我投掷到外部世界，然后在外面的世界与自己相遇。

而人生下半场，我们将放弃外部的执着，开启向内的探索。我们开始减少向外的投放，将曾经投在外面的自我碎片，一点点收回、整合。

这个过程并不容易，会伴随着大量的思考、审判与质疑。

但当我们穿越这一段伴着虚无、带着荒凉底色的隧道，生命这幅画卷，就会呈现前所未有的色彩。

一切改变只是为了我自己

一个来访者讲述她的婚姻：

结婚七年，吵得几乎过不下去。为了孩子，她决定好好学习经营。参加了很多课程，读了亲密关系的书，觉得自己的心态有了很大改变，懂得如何考虑男人的自尊，如何树立他在孩子心中的形象。

但在某天晚饭后，她想让丈夫去买个西瓜，丈夫说上班累了，不想动。她瞬间崩溃了。

她感觉到一股强烈的恨，恨不得把眼前这个男人杀了。

她说："我这一年多不断学习，调整沟通方式，营造家庭氛围，可是他做过什么呢？人都要成长自己，可我学习了成长了，看到男人还在原地心安理得，只会觉得更生气！"

这些声音如此熟悉。曾经的我，也很长时间陷在这种状态里。

我也曾经在某个深夜，声泪俱下地对伴侣发出控诉：

"我看了那么多书，听了那么多课，做心理咨询，做自我反思，关注你和孩子的感受，努力让自己变得更好，而你呢？你为这个家做了什么？我推荐给你的书你一页都没看，转发给你的文章你爱搭不理，你以为你就没有问题吗？你就不需改进吗？你觉得你就是完美的吗？！"

可能很多女性，都在成长过程中遇到了这样的卡点和瓶颈。

本来，选择成长自我，是为了更加幸福，结果却是看男人更不顺眼，更来气了，同时又生出一股巨大的委屈：凭什么学习的、自省的、成长的都是我？男人就一动不动、心安理得？

我是在走过了这个阶段之后，才明白这背后的真相——让人痛苦的并不是成长本身，而是掉入了“成长的误区”。

误区一：我做这些都是为了你。

在关系中，如果一个人认为自己的学习和自我成长是为了另一方才做的，那从一开始，就陷进了受害者心态。

比如，婚姻出现问题，妻子选择了学习亲密关系课程，如果她的心态是“我是为了你才学的”，那么这个过程中就会充斥着各种愤怒、不满和委屈，也很难有好的效果。

自省，是一个人看到自己该承担的那一部分责任。成长，是一个人对自我的全盘负责。

真正的成长，是从内心清楚地知道，我做这一切只是为了自己，我对我自己的选择负全部的责任，无关任何人。

误区二：我进步了，所以要指出你的问题。

有一次，我给一位朋友推荐了《爱的五种语言》这本书，她看后觉得很受益，与老公的相处模式也做了一些调整和改变。

原本是件好事，但她好为人师，晚上揪着老公一起研读，并逐条分析：

“你就是对我‘肯定的言辞’太少了，我每天操持这个家，你就应该多鼓励我、表扬我。”

“你看看什么叫‘服务的行动’，就是上次从老家开车回来我主动给你捏肩捶背，你却一次也没为我做过。”

“还有‘精心的时刻’，你为我准备过生日派对吗？纪念日连仪式感都没有，这一点你是很欠缺的！”

从聊天，变成了指责。

从指责，变成了批斗。

男人快被她搞崩溃了，她还要求他把全书看完，还要记笔记、画重点、谈读后感。

谁受得了？

学习是好事，但学完就想给别人分析和上课，那就意味着，我们成了关系中的评价者。

关系里不需要法官和教导主任，不需要评价者和审判者。

把学到的东西用于自己的实践，在别人需要的时候给予帮助。别人不需要的时候，不去妄加分析和评判。

误区三：我都变了，你凭什么不变？

如果按等价交换原则，在一段关系中，一方做了 A，另一方就应该做 B。但成长遵从的不是这个原则。

我改变了，是我对自己负责，我让自己欢喜。你改不改，变不变，那是你的事。

如果一味纠结对方凭什么不改，凭什么不变，就永远无法体会成长本身的乐趣，随之而来的只有不甘和抱怨。

那如果对方缺点满身，忍无可忍，我成长就是为了永远忍受吗？

当然不是。

成长的目的，在于我们越来越能够遵从自己的内心，越来越清楚自己要什么，越来越能看清事实和真相，越来越能冲破桎梏走出剧情。最终，有勇气为自己的所有选择负责。

你选择了自我成长，有可能从此婚姻会更幸福，因为你可能会放下一些不必要的执念，改变以往固执的做法，重新调整与伴侣的相处模式，真正看见和接纳对方。

也有可能将这段关系终结。因为清楚了自己要什么，拥有了一个全新的自我和更强大的人格，更加忠于自我。

真实的成长是：你变不变，我都会对自己持续负责。我所做的一切都是为了我自己，而不是向任何人邀功或者乞怜。

其实，一个人无论学了多少心理学，学了多少技巧和方法，如果他身边的人，尤其是亲近的人，没有感觉到他的变化，那基本只能说明，他的学习只发生在头脑和意识之中，只是“知道了”的层面，人格并没有获得真正成长。

如何验证自己是不是真正的成长了？

有人说过一句话：一个人到深山老林里修炼是容易的，但到底修炼得如何，看他回去和他妈住两个月就知道了。

越是亲密的人，父母、伴侣、孩子，越能感知到我们的生命状态。他们的感受，是照见我们成长与否的最直接、最真实的答案。

痛苦只是流经我

在若干年的自我探索中，我发现了一个规律：

在几次面对重大困难、脆弱无力、濒临绝望时，我实在无力应对，崩溃大哭。而在哭过之后，事情就莫名地出现了转机。要么是出现了新的资源，要么是找到了新的办法。

刚开始我觉得很奇怪。哭一场，有这么神奇的作用吗？还是宇宙接收到了我的信号，发出能量来帮我？

我回溯了每一次的经历，发现每一次面对这种人生大坎带给我的挑战时，我的模式是：

第一步：战斗。我要解决掉问题，干掉麻烦，这样我就不会痛苦了。

当我力有不逮，发现自己搞不定时，就进入第二步：抗拒。

我拒绝痛苦，排斥痛苦，攻击自己，我为什么这么倒霉，摊上这些破事？为什么别人都顺风顺水？直到我被彻底压垮，感到绝望，觉得这个问题解决不了了，我才进入第三步：崩溃。

崩溃就是只能这样了，我没办法了，我就是解决不了，逼死自己也没有用。在这一步，我才允许自己哭出来，把压抑已久的情绪释放出来。

为什么只有经过了第三步，才能发现新资源，找到新办法？

我终于在觉察和探索中看清了这个真相：

在我处于第一步和第二步的时候，我处于因战斗而导致的僵持状态。我不愿意承认自己痛苦，因为承认痛苦会让我感到自己很无能。无能感带来羞耻感。

在这个状态中，我的生命能量是锁结的。我陷入了问题之中，和问题纠缠在一起，剪不断，理还乱。

当到了第三步的时候，我对解决问题的放弃，带来了某种松动。这种松动让痛苦真实地穿越了我，我流泪，悲伤，绝望，看上去我是被痛苦打倒了，但实际上，是我给它打开了门，允许它从我这里经过了。

门开了，它经过了，我的能量重新流动起来，问题的解决就出现了新的机会。

这份觉察，让我拥有了一份极为宝贵的体验：痛苦只是流经我。

痛苦只是流经我，它并不是我的，也不会永远停留在我这里，它就像一个客人，会来，也终会走。

问题只是问题，问题不代表我，我不是问题本身。它只是我的世界里的一小部分，永远不会比“我”还大。

这个世界，我才是生命的主体，一切的总和。

问题是问题，我是我。即使问题无法被解决，也不影响我是我。

在建立了这个信念之后，每当我遇到困境而感到痛苦时，我就给自己创造这样一个空间，让自己全然地敞开，让痛苦从我这里流经。

后来我发现，我生命中的难题少了很多。我很少再有那样绝望的时刻。

一位来访者，陷在丈夫出轨的痛苦里。过又过不了，离又不甘心。

她无比煎熬，向我哭诉：“什么时候才是个头啊，这种感觉太痛苦了，到底要多久才能过去啊！”

我建议她尝试着去体验让痛苦流经身体的感觉。

她决定自己尝试。她去了练瑜伽的工作室，找了一个空房间，把门关起来，躺在瑜伽垫上，闭上眼睛，什么都不去想，就是静静地体会痛苦的感觉。

她说，感觉痛苦像一条小溪，缓缓从她的头顶进入身体，然后流过全身，最后从脚底流出了。

醒来后，她觉得身体似乎轻松了些。

从那之后，每当她感觉情绪要崩溃，快撑不下去的时候，自己就这样做。

后来，她的亲密关系经过了很长时间的修复，才回到正轨。但在这个过程中，她痛苦的感受减轻了。

宇宙的恒常，是变化。一切都会开始，一切也都会过去。

不要惧怕痛苦。一个人从出生的那一刻，就在经受与母体分离的痛苦。

成长，就是一个伴随着创伤和疼痛的过程。

在一次次痛苦到来、离开、又到来、又离开的过程中，我们拥有了深刻的体验，也建立了对痛苦的耐受。

这是艰难但重要的功课。

允许痛苦流经我。

痛苦也只是流经我。

真正爱自己，就是舍得用自己

不爱自己，是最大的自私。

因为一个不爱自己的人，也无法真正去爱别人。他能给出的“爱”，只是两种：一种是交换，另一种是控制。

这消耗了自己，捆绑了对方，也违背了爱的真意。

爱是一种深度的情感。真正的爱，需要很高的心理能量才能给予。不爱自己的人，不具备这种高能量。

如何真正爱自己？

身体的照顾和物质的满足，是人人都明白的道理。

但这已是一个物质丰富甚至过剩的时代，爱自己，是一份更大的精神和内在的需求。

不是把自己供奉起来，圈养起来，真正爱自己，就是舍得用自己。

蔡崇达在《皮囊》里写道：阿太，我记住了，肉体是拿来用的，不是拿来伺候的。

不仅仅是肉体，我们的自我，我们的内心，我们的情感，都该投入这大千世界、万丈红尘之中，去经历，去体验，去捶打，去淬炼。

不以物喜，不以己悲固然是一种境界。但在抵达这个境界之前，生命需要经受更大的张力，大起大落，大开大合。

我们需要学习一种活在当下、奋不顾身、全然投入、舍得用自己的精神。

有两个特别打动我的故事。

一个是电影《美丽人生》。

1939 年的意大利，热情乐观的犹太青年圭多，与美丽的女教师多拉相爱，幸福地生活，生下可爱的儿子乔舒亚。然而在乔舒亚五岁时，纳粹实施清除犹太人计划，圭多和儿子被强行送往集中营。多拉没有犹太血统，为了和丈夫儿子在一起，她毅然同行。

残酷的集中营里，圭多编了一个谎言。他告诉儿子，这里发生的一切只是一场游戏，只要按照规则做，集满 1000 分，就会奖励一辆坦克。

天真的乔舒亚信以为真，他乐观地跟随着爸爸，在惨无人道的集中营里坚持着，他相信这只是一场游戏。

圭多饱受纳粹的摧残，仍利用一切机会为他爱的人创造点滴欢乐，在集中营的广播室他呼喊妻子的名字，想让她知道自己和儿子都还活着。他趁着做侍者的机会，为妻子播放他们定情之夜听过的《船歌》。不管多苦多难，他每天都以阳光笑脸出现在儿子面前，鼓励他一定要坚持下去。

美军进攻集中营，圭多趁着混乱，将儿子安顿在路边的铁箱子里，打算去救妻子时，被纳粹抓住。

他被枪顶着路过铁箱，他知道儿子在里面看着他。他夸张而滑稽地摆着双臂，让儿子知道：不要害怕，游戏还在继续。

枪声响起，圭多的生命在那一刻终结。

当乔舒亚从铁箱中爬出来，看着坦克真实地向他开过来，他坚信自己在游戏中获胜了。美军士兵将他抱上坦克，他高喊着：我们赢了！

圭多以爱、乐观与智慧，在暗无天日的集中营里，给爱的人以信念，为儿子撑起了一个有爱的童年。

第二个故事，来自三毛《撒哈拉的故事》中的《哑奴》。

哑奴是一个黑人奴隶。当时的西属撒哈拉仍允许蓄奴。奴隶像牲口一样，从一个地方被卖到另一个地方，以出卖苦力换取得以活命的食物。

他们没有财富，没有自由，唯一被允许的就是结婚。结婚的对象也是奴隶，生下的孩子，生生世世都是奴隶。

哑奴是个哑巴奴隶。三毛在去当地的一户财主家做客时，认识了哑奴的儿子。她心疼这个小小年纪就做苦役的孩子，给了他一点小费。

第二天，哑奴来到三毛家归还小费。他如此贫穷，但作为一个父亲，他仍然认为小孩子不应该收这么多钱。他感恩三毛，从此经常放一棵新鲜的生菜在她门前。

骄阳似火的撒哈拉，哑奴在五十多摄氏度的气温里给三毛的邻居砌墙。热浪逼人的正午，连一块可以栖身的阴影都没有。三毛将他请到家中避暑，送给他食物。他没有吃，希望晚上能带回去给妻子和孩子。

哑奴的家，只是沙谷旁的一个帐篷。他的妻子是一个和气但脑子痴傻的女人。他的家一穷二白，大一点的孩子要在财主家做工，妻子连一块像样的裹身布都没有。但他无比爱他们，爱他的家庭。

他有手艺，有礼貌，甚至还懂星象。他指着自己的心口，再指指天空的小鸟，做出飞翔的动作，他用这样的方式告诉三毛：虽然我的身体不自由，但我的心是自由的。

哑奴最终再次被卖掉。他的手和脚都被绑起来，装进车里。错愕的三毛无能为力，将家中的大毯子拖出来送给哑奴。

哑奴见到三毛，“哭也似的叫了起来”，他抱住毯子，朝着家的方向奔去。

“哑奴远远地就迎风打开了那条彩色缤纷的毯子，跌跌撞撞地扑向他的太太和孩子，手上绑的绳子被他扭断了，他一面呵呵不成声地叫着，一面把毛毯用力围在他太太和孩子们的身上，又拼命拉着他白痴太太的手，叫她摸摸毯子有多软多好，又把我塞给他的钱给太太。”

一个连身体都不属于自己的奴隶，在艰难生存环境中，在身不由己的无常宿命里，依然有爱，有情，有感恩之心，他最大化地活出了生而为人的体面与深情。

我们总觉得生活艰难，可再难也难不过纳粹集中营里的圭多。

我们总抱怨不够自由，可再不自由，也比一生为奴的哑奴自由。

他们的生命被视为草芥，尊严被践踏成泥，但他们仍充分地活过，爱过。

无论身处何种境地，依然诚恳地、热忱地、真挚地投入生命。

生于这个时代的我们，要怎样痛快去活?

我能想到的是：

舍得交付自己，舍得投入自己。

敢于对自己开刀，自我解剖，看到皮囊之下真实的内在。

敢于活在真相里，直面激越的巅峰和刻骨的创痛。

与不同的个体碰撞，灵活的，呆板的，大胆的，怯弱的，明媚的，灰暗的。

大胆去爱，感受融合与分离。哪怕打过最狠的脸，撞过最疼的南墙，坠过最无望的谷底。

投入关系，体验连接与断裂。在沙砾中拣出钻石，从玻璃碴子里找到糖吃。

奋力跃入生命的河流，去沉浸，去流淌。

尽情点燃欲望之火，去燃烧，去消耗。

去接受，去给予。

去挑战，去臣服。

去尝试，去冒险。

彻底投身于欣喜与哀伤、温柔与疼痛、荣耀与失落、希望与绝望的盛大体验中去。

在一次次全力以赴的体验中，生命力得以肆意张扬的释放，我们得以一次次打碎自己，重塑金身。

活过，爱过，痛过，爽过，这人间，才更值得。

《桃心话》专栏问答

讲述一：

老公是个妈宝男。前几年因为婆婆的掺和，我们险些离婚。去年年底，婆婆病逝了。我本来以为，我们可以把日子重新过好，但没想到今年开春，我发现他出轨了。我想过离婚，可我不甘心。前几年最难的日子我都忍过来了，现在婆婆不在了，我觉得我们可以好好过日子了，因为之前只要婆婆不在，他对我还是挺顺从的。可现在他为什么会这样?

回复：

出轨并不是强势男人的专属。懦弱的妈宝男也一样可能出轨。

因为所有妈宝男背后都有一个控制型的母亲。所有妈宝男的内心都有潜在的愤怒。

他痛恨被管束，痛恨被要挟，痛恨被捆绑。

漫长的成长过程中他又被迫习惯了这一切，也许他曾经尝试过反抗，但终究你的婆婆道高一丈，三言两语就能让他内疚自责，让他感觉反抗比顺从更痛苦，宁可选择屈服。

巨大的愤怒压抑在潜意识里无法表达，而婆婆一离世，他像冲破了五指山的孙悟空，要翻江倒海，要大闹天宫，要上天入地，要把不敢做的一切都加倍补回来。

为什么选择出轨这种方式?

因为他不但要报复他的母亲，也要报复你。

当初，母亲面前他屈从母亲，老婆面前他屈从老婆。他对你们两个都有偏见。

说到底，他对所有女性都有偏见。

很多女人意识不到，选择一个妈宝男，后果绝不只是婆媳矛盾、夫妻争吵这么简单。

首先，妈宝男无法全身心地对妻子好。因为对妻子好，意味着对妈妈的背叛。

他们自己是意识不到这一点的。

他们会把“好妈妈”投射给自己的母亲，而把“坏妈妈”投射给妻子。

婆婆在世，他要牺牲你的感受，维护他的孝子身份。

婆婆离世，他要挑战你的底线，叛逆一次给你看。

他把对母亲的愤怒都发泄到了你身上。

他把对母亲的报复也转移到了你身上。

他出轨，是因为他要的，是一份渴望已久的背叛。这份背叛背后，代表了他对强势妈妈的挣脱，代表了他一直想要的自由。

你以为婆婆不在了，你们就可以把日子过好。

潜台词是，婆婆离世后，再也没有人来控制你的男人，你就可以成为家庭中唯一的女主人，他就只听命于你了。

也许这恰恰是你选择他、忍受他的原因——你觉得他可以被控制。

你觉得他能被他妈妈控制，就一样也能被你控制。

当发现他出轨后，你唯一的信念崩塌了。

原来，婆婆离世也无法让你们的婚姻走向正轨。

原来，你始终没有办法去真正控制这个男人。

你忍了这几年，忍走了强势的婆婆，却忍来了另一个第三者。

但问题的核心可能恰恰在于——一个离不开“巨婴”的人，往往本身也可能是一个“巨婴”。

比起“男人出轨了，女人怎么办”的问题，或许你更需要看清自己为什么会选择这样的一个男人，为什么会寄希望于控制一个男人，为什么会纠缠于这样的生活不敢做出改变。

陪你痛骂出轨男，可能会解一时之快，但并没有什么实质意义。

更希望你能明白：女人选择一个什么样的伴侣，都在自己身上有更深层面的原因。

妈宝男，只是一面镜子。

讲述二：

我来自农村，29岁。工作一般，长相一般，至今单身。到现在都没谈过一段真正意义上的恋爱。

我被父母安排了很多次相亲，可一直没有遇到真正喜欢的人。相亲对象好像只对结婚感兴趣，没有共同的三观和话题。

今年我父母给我下了最后通牒，逼我订婚，让我随便找个人嫁了。因为在农村，我这个年龄还没嫁出去让他们很丢人。

其实外人说什么我一点都不在乎。可是唯独对父母我没有办法。我虽然不优秀，但我从毕业就一直自立，不啃老，还会攒一点钱给父母。但我依旧被他们嫌弃。

回复：

有些父母，要的是“拿回来”。

有的父母，要的是“送出去”。

本质，都是控制。

我的另一位来访者，也来自农村，她的母亲，从她18岁开始就催她出嫁。

她想上学，母亲百般阻挠，要她快点相亲，早些嫁人。

她历尽千辛万苦才靠着借来的学费勉强读完大学本科，毕业后找了份工作。

而她母亲又对她提高了价码，觉得养出了大学生，女儿一定要找个“有身份”的人。要求男方必须是公务员或者高干子弟，否则就赔了。

她待在家里，母亲就天天辱骂她：“连个男人都找不到，读了大学有什么用？”

她谈了恋爱，又被母亲百般挑剔：“这样的男人你也看得上，真是贱死了。”

她试图搬出去住，母亲就一哭二闹三上吊，闹得全村都认定她是个白眼狼。

她说，如果她的家庭像苏明玉、樊胜美那样，家中有个哥哥或弟弟，母亲是因为重男轻女才这样嫌弃她，或许她心里还能好受一点。可她是家中唯一的孩子，她实在不明白为什么母亲要这样对她。

真正让人痛苦的，是这件事背后的一个让人难以面对的问题——我的父母为什么不爱我？他们为什么要如此对我？

可是，这就是真相。

这世上，有些父母，就是不爱他们的孩子。

在世俗角度上，可以说他们自私、冷漠。

从心理学角度上，他们可能也经历了严重的心理创伤，活在巨大的自恋之中，只能关照自己的感受，无法真正兼顾孩子。

他们只有在孩子“做了某件事”时，才会关注他，看重他。比如给予物质、赢得面子、光宗耀祖。

他们不会因为孩子这个人本身而爱他。从这个角度来说，他们都是“爱无能”的人。

你的单身，成了他们的眼中钉、肉中刺，家门的不幸，人前的耻辱。

他们并不在乎你真正活得怎么样，你的感受怎么样，你的自我价值在哪里。

他们只关心自己的面子，自己的感受，你嫁不出去，就让他们没有面子，就让他们感受不佳，于是就要逼迫你，让你付出代价。

你无法去追究这是为什么。

他们的环境，他们的经历，决定了他们成了这样的人。

他们的心智，他们的认知，决定了他们只会这样对你。

他们很难改变。因为他们的一生就是这样过的。

你已经尽力在做一个好女儿了。但你无法改变他们。

这一切都不是你的错。

接受他们不够爱你这个事实。

虽然艰难，但不可耻。

坦然接受了这一点，或许它就不会再伤害你了。

看清他们的局限，接受他们的狭隘与平凡，学会真正为自己而活。

不被“天下无不是的父母”绑架，也不走偏激的“父母皆祸害”的路线。

所有悲苦都可以转化为礼物。

你比别的女孩，更清楚无枝可依的滋味。所以你更有机会早早放下依赖，咽下眼泪，学会飞翔。

然后，在这个残酷的世界里，一砖一瓦，建造你的王国，长出你的盔甲。

任何一个女孩的人生，都不隶属于父母，也不从属于丈夫。她的人生只属于她自己。